Sinnes- und nervenphysiologische Untersuchungen an Scyphomedusen

Von

Emil Bozler

Mit 8 Textabbildungen

Sonderabdruck aus
Zeitschrift für vergleichende Physiologie
(Abt. C der Zeitschrift für wissenschaftliche Biologie)
4. Band, 1. Heft
Abgeschlossen am 23. April 1926

Springer-Verlag Berlin Heidelberg GmbH
1926

Die Zeitschrift für vergleichende Physiologie

steht offen Originalarbeiten aus dem Gesamtgebiet der allgemeinen Physiologie und der speziellen Tierphysiologie, soweit die Ergebnisse als Bausteine zu einer vergleichenden Physiologie gewertet werden können.

Die Zeitschrift erscheint zur Ermöglichung raschester Veröffentlichung in zwanglosen einzeln berechneten Heften; mit 40 bis 50 Bogen wird ein Band abgeschlossen.

Das Honorar beträgt M. 40.— für den 16 seitigen Druckbogen.

Die Mitarbeiter erhalten von ihren Arbeiten, wenn sie nicht mehr als 24 Druckseiten Umfang haben, **100** Sonderabdrücke, von größeren Arbeiten **60** Sonderabdrücke unentgeltlich. Doch bittet die Verlagsbuchhandlung, nur die zur tatsächlichen Verwendung benötigten Exemplare zu bestellen. Über die Freiexemplarzahl hinaus bestellte Exemplare werden berechnet. Die Mitarbeiter werden jedoch in ihrem eigenen Interesse ersucht, die Kosten vorher vom Verlage zu erfragen.

Es ist dringend erwünscht, daß alle Manuskripte in deutlich lesbarer Schrift, am besten Schreibmaschinenschrift (mit mindestens 3 cm breitem freien Rand) eingeliefert werden. Die Manuskripte müssen wirklich druckfertig eingeliefert werden; bei der Korrektur sollen im allgemeinen nur Druckfehler verbessert und höchstens einzelne Worte verändert werden.

Die Herren Autoren werden ferner gebeten, den Text ihrer Arbeiten so kurz zu fassen wie es irgend möglich ist, sich in den Abbildungen auf das wirklich Notwendige zu beschränken und nach Möglichkeit Federzeichnungen (für Strichätzung) zu verwenden.

Alle Manuskripte und Anfragen sind zu richten an
Professor Dr. K. v. Frisch, München, Zoologisches Institut der Universität, Neuhauserstraße 51
oder an
Professor Dr. A. Kühn, Göttingen, Zoologisches Institut der Universität, Bahnhofstraße 28.

Die Herausgeber
v. Frisch   Kühn

Verlagsbuchhandlung Julius Springer in Berlin W 9, Linkstr. 23/24

Fernsprecher: Amt Kurfürst, 6050—6053. Drahtanschrift: Springerbuch-Berlin
Reichsbank-Giro-Konto u. Deutsche Bank, Berlin, Dep.-Kasse C.

Postscheck-Konten:
- für Bezug von Zeitschriften und einzelnen Heften: Berlin Nr. 20120 Julius Springer, Bezugsabteilung für Zeitschriften;
- für Anzeigen, Beilagen und Bücherbezug: Berlin Nr. 118935 Julius Springer.

---

4. Band.   **Inhaltsverzeichnis.**   1. Heft.

Seite

Frisch, K. v. und **Rösch, G. A.**, Neue Versuche über die Bedeutung von Duftorgan und Pollenduft für die Verständigung im Bienenvolk. Mit 3 Textabbildungen 1

Wunder, W., Über den Bau der Netzhaut bei Süsswasserfischen, die in großer Tiefe leben (Coregonen, Tiefseesaibling). Mit 20 Textabbildungen . . . 22

Bozler, Emil, Sinnes- und nervenphysiologische Untersuchungen an Scyphomedusen. Mit 8 Textabbildungen 37

Matthes, Ernst, Die physiologische Doppelnatur des Geruchsorganes der Urodelen im Hinblick auf seine morphologische Zusammensetzung aus Haupthöhle und „Jakobsonschem Organe". Mit 7 Textabbildungen . . 81

ISBN 978-3-662-39419-9
DOI 10.1007/978-3-662-40483-6

ISBN 978-3-662-40483-6 (eBook)

(Aus der Zoologischen Station Neapel und dem Zoologischen Institut München.)

SINNES- UND NERVENPHYSIOLOGISCHE UNTERSUCHUNGEN AN SCYPHOMEDUSEN.

Von

EMIL BOZLER.

Mit 8 Textabbildungen.

(*Eingegangen am 7. Januar 1926.*)

Inhalt. Seite
1. Einleitung 37
2. Morphologisches 38
3. Beschreibung der Schwimmbewegungen 40
4. Die Funktion der Randorgane 47
   a) Die Bedeutung der Randorgane für den normalen Medusenschlag . 47
   b) Über die Auslösung der Kompensationsbewegungen 54
5. Die Ursachen des Rhythmus des Medusenschlages 59
6. Über die Koordination der Muskelbewegungen 64
   a) Die Synchronität des Schlages 64
   b) Die Koordination zwischen Radiär- und Ringmuskulatur 67
7. Dekrement und Alles- oder Nichtsgesetz 70
8. Zusammenfassung 78
9. Literatur 79

1. Einleitung.

Das ursprüngliche Ziel dieser Arbeit war es, die Frage der Koordination der Muskeltätigkeit beim normalen Medusenschlag, sowie bei den jüngst durch FRÄNKEL bei *Cotylorhiza* entdeckten Kompensationsbewegungen zu untersuchen. Bald stellte es sich heraus, daß alle unsere bisherigen Anschauungen über die Medusenbewegungen nur sehr schwach gestützt waren; es war daher nötig, die Untersuchung auf einer breiteren Grundlage auszuführen. Erst nach einer sicheren Lösung der Frage nach den Ursachen des Medusenschlages konnten die schwierigeren Probleme der Muskelkoordination in Angriff genommen werden. In der kurzen Zeit meines Neapler Aufenthaltes und bei der Schwierigkeit, die zu dieser Zeit die Beschaffung genügenden Materiales bot, konnte ich die Arbeit nur in den Punkten zu einem gewissen Abschluß bringen, die ohne komplizierte Methodik untersucht werden konnten, während die übrigen Teile noch einer eingehenderen Bearbeitung bedürfen. Gleichwohl werde ich auch darüber in den letzten Abschnitten kurz berichten, da sich dabei immerhin schon eine Anzahl interessanter Beobachtungen ergeben haben, hoffe aber, bei einem neuen Aufenthalt in Neapel noch ausführlichere Untersuchungen über die hier angeschnittenen Fragen anstellen zu können.

Es sei an dieser Stelle Herrn Prof. R. Dohrn mein herzlichster Dank für die freundliche Aufnahme, die ich an der Zoologischen Station in Neapel gefunden habe, ausgesprochen, ebenso dem Personal für die Herbeischaffung des Tiermaterials. Ganz besonderen Dank schulde ich Herrn Prof. P. Hoffmann, Freiburg, der mir durch methodische Beratung und kritische Hinweise mannigfaltige Anregung gab und viel zum Gelingen dieser Arbeit beigetragen hat.

2. Morphologisches.

Die Sinnesorgane und ein großer Teil des Nervensystems der Scyphomedusen liegen eng verbunden an den Enden der acht radialen und interradialen Gastralkanäle. Die äußere Morphologie des dort sitzenden

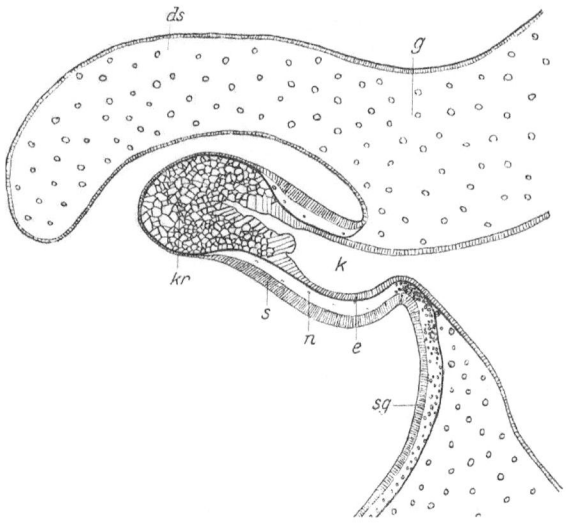

Abb. 1. Längsschnitt durch ein Randorgan von *Cotylorhiza*. *ds* Deckschuppe, *g* Gallerte, *kr* Kristallsack, *s* Sinnesepithel, *n* Nervenfilz, *e* Entoderm, *k* Gastralkanal, *sg* Sinnesgrube.

Organkomplexes, dessen Kenntnis wir hauptsächlich den Untersuchungen von Eimer und Hesse verdanken, geht wohl, soweit es für uns wesentlich ist, mit genügender Deutlichkeit aus dem Längsschnitt Abb. 1 hervor.

Unter der fast nur aus Gallerte bestehenden Deckschuppe (*ds*) ragt ein kolbenförmiger Körper hervor, in den das Gastralgefäß einen Fortsatz (*k*) entsendet; es ist der sogenannte Randkörper oder das Rhopalium. An dessen distalem Ende liegt der sogenannte Krystallsack (*kr*), eine Anhäufung zahlreicher Entodermzellen, die in ihrem Innern Krystalle enthalten. Im Leben ist er bei *Cotylorhiza* durch seine gelbe, bei *Rhizostoma* durch seine rötliche Färbung und seinen undurchsichtigen Inhalt ziemlich auffällig. Außen wird er vom Körperepithel und einer feinen Lamelle, einer Fortsetzung der Gallerte, umgeben. Auf seinem mittleren und proximalen Teil trägt der Randkörper rund herum ein hohes Zylinderepithel (*s*), das sich aus Sinneszellen, die sich als solche durch einen Nervenfortsatz dokumentieren (Sinneshaare sind nicht aufgefunden worden), und aus Stützzellen zusammensetzt. Es geht auf der subumbrellaren Seite direkt in das ähnlich gebaute Epithel der sogenannten inneren Sinnesgrube über (*sg*). Bei *Cotylorhiza* sind das die einzigen Sinnesorgane, bei anderen Medusen können dazu noch Ocellen und eine sogenannte äußere Sinnesgrube kommen, die uns aber hier nicht interessieren.

Direkt unter dem Sinnesepithel liegt ein wichtiger Teil des Nervensystems[1]). Die Nervenfortsätze der Sinneszellen des Randkörpers bilden einen dichten Filz von ganz bedeutender Mächtigkeit (*n*). HESSE betont, daß darin keine Ganglienzellen vorkommen. Ich habe solche bei *Cotylorhiza* auf jedem Schnitt, wenn auch in ganz geringer Zahl, gefunden. Eine starke *Anhäufung von Ganglienzellen* liegt dagegen in dem *Nervenfilz* der *inneren Sinnesgrube* und an der *Basis des Randkörpers*. Ich habe deren relative Häufigkeit in der Abbildung wiederzugeben versucht. Sie sind hier so häufig, daß man auch an dünnen Schnitten stellenweise kaum mehr etwas von dem Nervenfilz sehen kann, in den sie eingebettet sind. Wir können hier mit Recht von einem Ganglion reden, und die physiologischen Versuche werden zeigen, daß wir es hier in der Tat in gewissem Sinne mit einem Nervencentrum zu tun haben. Ich werde daher diesen unter dem Epithel der inneren Sinnesgrube und an der Basis des Randkörpers liegenden Teil des Nervensystems als *Randkörperganglion* bezeichnen.

Da der ganze hier beschriebene Organkomplex morphologisch und physiologisch aufs engste zusammenhängt, so ist es notwendig, dafür eine besondere Bezeichnung zu haben. Da ich in der Literatur keine finde, so führe ich dafür den Ausdruck *Randorgan* ein. Ein Randorgan besteht demnach aus dem Randkörper oder Rhopalium, der inneren Sinnesgrube und dem Randkörperganglion.

In physiologischen Werken wird das Wort Randkörper häufig in dem weiteren Sinne von Randorgan gebraucht. Das muß aber notwendig zu Ungenauigkeiten und Verwechslungen führen.

Vom Randorgan aus gehen — nach HESSE vorwiegend entlang den Radiärgefäßen — zahlreiche Nervenfasern, die sich auf der ganzen Subumbrella ausbreiten. Über die Beschaffenheit dieses peripheren Nerven-

---

[1]) Eigentlich liegt es, wie HESSE mit Recht betont, zwischen ihm, da die Stützzellen ihre Fortsätze bis zur Gallerte ausstrecken.

systems sind wir hauptsächlich durch die Untersuchungen von BETHE
unterrichtet. Es liegt im Epithel der Subumbrella zwischen den eigentlichen Epithelzellen (Stützzellen nach HESSE) und der Schicht von
Muskelfasern, und besteht aus Ganglienzellen und Nervenfasern. Durch
seine Toluidinblaumethode konnte BETHE zeigen, daß von den Ganglienzellen drei verschiedene Arten von Fortsätzen ausgehen, solche, die sich
im Epithel und solche, die sich in der Muskelschicht aufreissern, ferner
horizontale, dickere Fasern, die sich mit denen anderer Ganglienzellen
zu einem Netze verbinden. Morphologisch besteht also kein scharfer
Unterschied zwischen Centrum und Peripherie, denn überall, wo wir
Nervenfasern antreffen, sind auch Ganglienzellen vorhanden.

Nur kurz soll noch das Muskelsystem erwähnt werden. Es hat bei
Cotylorhiza die Besonderheit, daß die einschichtige Lage von Muskelfasern eine Faltung erfahren hat. Dies bringt für unser Versuchstier den ganz beträchtlichen Vorteil mit sich, daß die Muskelzüge sehr klar hervortreten, was ermöglicht, die Muskelcontractionen direkt, nicht nur die Bewegungen der sehr dehnbaren Gallerte zu verfolgen. Von Wichtigkeit ist für uns noch, daß sich die Muskulatur, im Gegensatz zu den meisten anderen Medusen, wo nur Ringmuskeln vorhanden sind, in eine äußere Zone

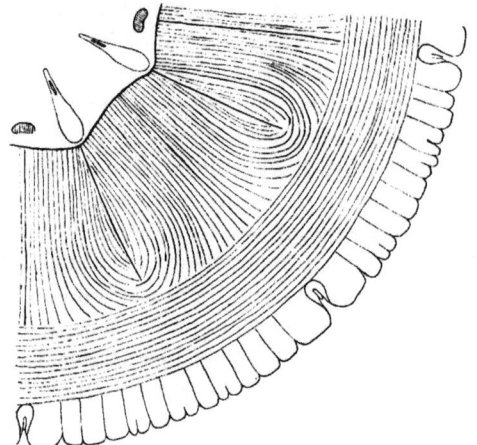

Abb. 2. Sektor einer *Cotylorhiza*. Außen Ring-, innen Radiärmuskulatur. (Unter Anlehnung an A. G. MAYER.)

mit *Ringmuskeln* und eine innere mit *Radiärmuskeln* differenziert hat.
Ihre Anordnung ist aus Abb. 2 ersichtlich.

3. Beschreibung der Schwimmbewegungen.

Die Schwimmbewegungen der Medusen bestehen bekanntlich in
rhythmischen Contractionen der subumbrellaren Muskulatur. Durch sie
wird das die untere Wölbung der Glocke erfüllende Wasser nach hinten
gepreßt, der entstehende Rückstoß treibt die Meduse nach vorne. Nach
der Erschlaffung werden die Muskeln wieder durch die Elastizität der
Gallerte gedehnt. Bei genauerer Betrachtung erweist sich jedoch der
Medusenschlag in verschiedener Hinsicht als komplizierter, als ich ihn
hier zunächst beschrieben habe.

Bei *Cotylorhiza* ist der Schlag, wie schon BETHE beobachtete, kein einheitlicher. *Zuerst erfolgt die Contraction der central liegenden Radiärmuskeln, dann erst, nach etwa $1/3$ Sekunde, die der äußeren Ringmuskeln* (vgl. Abb. 2). In der ersten Phase wird die zunächst ziemlich flache Glocke (Abb. 3a) stärker gewölbt (Abb. 3b), wobei der noch schlaffe, die Ringmuskeln tragende Rand passiv etwas nach oben schlägt. In der zweiten Phase kontrahiert sich auch der letztere (Abb. 3c). Dadurch

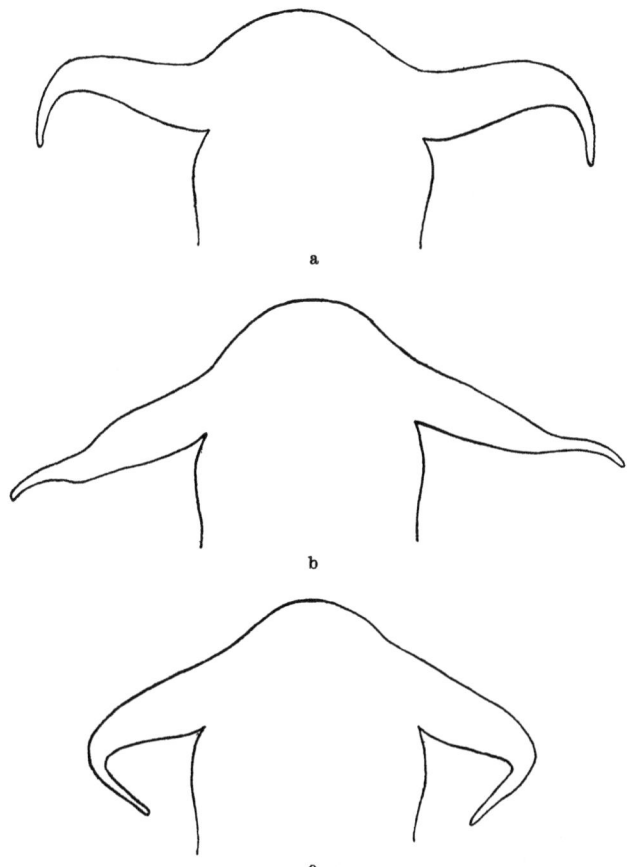

Abb. 3. Schematische Darstellung des Schlages von *Cotylorhiza*. a Ruhestellung, b Kontraktion der Radiärmuskeln, c Kontraktion der Ringmuskeln.

wird der Raum der Glockenwölbung zusammengepreßt, zugleich aber auch die Öffnung, durch die das Wasser abströmen muß, verengert. Infolge dieser Verengerung der Glockenmündung wird das Wasser mit erhöhter Geschwindigkeit nach hinten ausgepreßt, der Rückstoß im selben Maße vergrößert. Der Rand der Meduse läßt sich daher bewegungsphysiologisch einigermaßen dem Velum der Hydromedusen vergleichen.

Ähnlich liegen die Verhältnisse auch bei den beiden anderen Scyphomedusen, die ich zu beobachten Gelegenheit hatte, bei *Rhizostoma* und *Pelagia*, obwohl beide nur Ringmuskulatur besitzen und diese keine morphologisch erkennbare Differenzierung zeigt. Die Verspätung der Contraction des Randes ist freilich bei beiden Medusen geringer als bei *Cotylorhiza*, bei *Rhizostoma* eben merklich, *Pelagia* nimmt eine Mittelstellung ein. Vielleicht hängen diese Unterschiede damit zusammen, daß die beiden letzteren, ganz besonders aber *Rhizostoma*, an sich schon eine stärker gewölbte Glocke besitzen. Dadurch wird die Radiärmuskulatur überflüssig. Die gleichmäßige Contraction der gesamten Muskulatur bewirkt allein schon eine Verengerung der Glockenöffnung.

Wie zum ersten Male von FRÄNKEL festgestellt wurde, ist die *Art des Schlages* in hohem Maße *von der Lage des Tieres abhängig*. Steht die Körperachse vertikal, was als Normallage zu betrachten ist, so sind die Contractionen ganz synchron und erfolgen auf der ganzen Peripherie in derselben Weise. Anders dagegen, wenn wir die Achse des Tieres horizontal stellen. Nach FRÄNKEL lassen sich alsdann zwei Abweichungen vom Verhalten der in Normallage befindlichen Medusen feststellen.

„1. Die Contraction setzt am oberen Rande merkbar früher ein als am unteren. Man sieht die Contractionswellen vom höchsten Punkte der Glocke beginnend, gleichzeitig auf beiden Seiten herum- und herunterlaufen.

2. Während der Dauer der Erschlaffung bleibt der oben befindliche Teil der Glocke stärker gewölbt als der gegenüberliegende unterste Sektor."

Ich kann das Wesentlichste dieser Befunde bestätigen. Im einzelnen ist aber seine Beschreibung nicht hinreichend, da er nur die Bewegungen der Glockengallerte beobachtet und daraus ohne weiteres auf die Muskelcontractionen geschlossen hat. Die Glockenbewegungen setzen sich aber, was FRÄNKEL bei seiner Beschreibung nicht berücksichtigt hat, aus zwei Komponenten zusammen, aus den Contractionen der Radiär- und denen der Ringmuskulatur.

Die *Radiärmuskeln kontrahieren sich*, wie man ohne weiteres beobachten kann, stets genau *synchron*. Am genauesten ließ sich dies subjektiv dadurch feststellen, daß ich die Meduse mit einer Hand faßte, und dabei mit einem Finger den obersten Teil der Subumbrella, mit einem anderen den unteren Teil leicht berührte. Bei jeder Contraction fühlt man dann einen leichten Schlag. Zeitliche Unterschiede zweier Berührungsreize kann man bekanntlich sehr scharf beurteilen, zumal, wenn sie zwei Finger einer Hand betreffen. In unserem Falle ließ sich eine solche Differenz nicht feststellen. Auch hinsichtlich der Dauer der Contraction und dem Grade der Erschlaffung konnte ich zwischen oben und unten keinen Unterschied finden.

Anders bei der *Ringmuskulatur!* Auf ihrem Verhalten beruhen die Unterschiede, die FRÄNKEL zwischen den Bewegungen des oberen und unteren Teiles der Meduse gefunden hat. *Im Gegensatz zur unteren Hälfte, geht der obere Rand nach jeder Kontraction nicht wieder in seine Ruhestellung zurück,* sondern bleibt stets etwas eingeschlagen (Abb. 4). Man hat diese Erscheinung wohl so aufzufassen, daß dort die Ringmuskulatur eine zeitlich stark gedehnte Contraction ausführt, so daß die nächste schon wieder einsetzt, ehe die vollständige Erschlaffung erreicht ist. Für diese Deutung spricht, daß die Unterschiede der Glockenwölbung zwischen oberer und unterer Hälfte um so undeutlicher werden, je langsamer der Schlag ist, bei matten Tieren zeitweilig ganz verschwinden können.

Mechanisch hat die Ungleichheit des Schlages eine wichtige Folge. Da der Glockenrand unten einen weiteren Ausschlag macht als oben, so ist dort die vorwärtstreibende Kraft größer als oben. Ebenso wie ein Ruderboot, das auf einer Seite stärker gerudert wird, weicht auch die Meduse nach der entgegengesetzten Seite ab, was den Effekt hat, daß sie in ihre Normallage zurückkehrt. Man hat daher diese Modifikation des gewöhnlichen Medusenschlages als Kompensationsbewegung aufzufassen. Wie FRÄNKEL gezeigt hat und worauf unten noch genauer einzugehen sein wird, ist dies ein statischer Reflex, der durch die Randorgane ausgelöst wird.

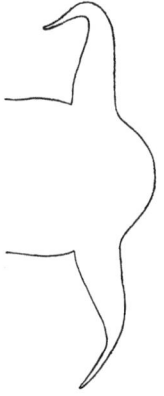

Abb. 4. *Cotylorhiza* bei horizontalgestellter Achse.

FRÄNKEL schreibt des weiteren, daß die Contraction am höchsten Punkt der Glocke einsetzt, und daß eine Contractionswelle auf beiden Seiten von oben nach unten herabläuft. Tatsächlich ist zu beobachten, daß der Rand der Glocke oben zuerst eine Bewegung ausführt und daß sich diese nach unten hin fortsetzt. Ich war daher selbst lange Zeit mit FRÄNKEL der Ansicht, daß hier eine Störung der Synchronität vorliege. Ein einfacher Versuch zeigt aber, daß das nicht anzunehmen ist. Bei einer Meduse mit deutlichen Kompensationsbewegungen wird unmittelbar rechts und links vom obersten Randorgan mit Hilfe zweier Finger der Hand etwas nach außen gedrückt, so daß er dieselbe Lage einnimmt wie unten während der Pause zwischen zwei Schlägen. Jetzt ist nichts mehr von einer Contractionswelle auf beiden Seiten zu sehen wie vorher. Nur der oberste, nach innen eingeschlagene Teil des Randes bewegt sich früher, der übrige Teil völlig synchron. Die Ursache dieser Erscheinung ist sehr einfach. Sowohl die Radiär- als die Ringmuskeln können den oberen Rand infolge seiner Stellung im wesentlichen nur nach innen zu bewegen. Infolgedessen ist es nicht möglich, hier die durch die wenig ausgiebigen Contractionen der Ringmuskeln ausgelösten Bewegungen von denen, welche die Radiärmuskeln verursachen, zu unterscheiden. Auf der Unterseite dagegen lassen sich beide wie beim normalen Schlag gut auseinanderhalten. Der erste Beginn der nach innen gerichteten Bewegung des oberen Randes wird also durch die Radiärmuskeln bewirkt und ist deshalb früher, weil sich letztere, wie schon erwähnt, stets früher kontrahieren als die Ringmuskeln. Bringt man den oberen Rand künstlich in dieselbe Stellung wie den unteren, wie es in dem eben beschriebenen Versuche geschehen ist, so kann man sich davon überzeugen, *daß sich auch die Ringmuskeln synchron kontrahieren*. Auch in anderen Fällen werden wir sehen, daß es nicht möglich ist, aus den Bewegungen der Glockengallerte ohne weiteres auf die Muskelcontractionen zu schließen.

Ich habe versucht, die Vorgänge mit Hilfe graphischer Registrierung noch einer genaueren Untersuchung zu unterziehen; leider bisher ohne Erfolg, da die technischen Schwierigkeiten ganz außerordentlich groß sind. Die Registrierung der Contractionen der Radiärmuskeln ist zwar an sich sehr einfach. Man braucht nur die zur Bewegungsübertragung benutzten Fäden 1—2 cm vom Rande entfernt zu befestigen. Bei der Ausführung der Versuche hat sich aber bald der Mißstand ergeben, daß es infolge der geringen Festigkeit der Gallerte schwer ist, die Meduse mit horizontal gestellter Achse genügend gut zu fixieren. Infolge der Kompensationsbewegungen treten immer schaukelnde Bewegungen auf, die alternierende Contractionen vortäuschen können. Das ist ein Umstand, durch den sich sicherlich FRÄNKEL bei seinen Registrierungen hat täuschen lassen. Für die Beurteilung dieser Fragen scheiden die Kurven dieses Autors vollkommen aus, denn es läßt sich aus ihnen nicht erschließen, was für einen Anteil die schaukelnden Bewegungen und die Contractionen der Ring- und Radiärmuskeln genommen haben. Befestigt man die Fäden ganz außen am Rande, um die Contractionen der Ringmuskeln zu registrieren, so treten noch viel größere Schwierigkeiten auf. Praktisch scheitern diese Versuche daran, daß der Rand wegen der großen Dehnbarkeit der dünnen Gallertschicht so leicht an einzelnen Stellen nach außen und innen gebogen werden kann, daß er die Bewegungen des Schreibhebels überhaupt nicht merklich beeinflussen kann. Nur sehr feine, photographische Registriermethoden könnten hier vielleicht zum Ziele führen. Ich hatte eine derartige Versuchsanordnung, die auch für viele andere hier zu erörternde Fragen geeignet sein wird, vorbereitet, konnte sie aber aus Mangel an Zeit nicht mehr benützen.

Es wäre einer eingehenden Untersuchung wert, genauer festzustellen, inwiefern die für *Cotylorhiza* geschilderten Verhältnisse für die Scyphomedusen allgemein gelten. Da mir nur zwei andere Arten zur Verfügung standen und auch diese nur in sehr geringer Zahl, so kann ich hier darüber nur wenige Beobachtungen mitteilen.

Rhizostoma schwimmt gewöhnlich, wie es Uexküll beschrieben hat, ganz regellos in allen Richtungen umher, ohne irgendeine Orientierung zur Schwerkraft einzunehmen. Fränkel hat jedoch gefunden, daß sich diese Meduse stets dann senkrecht einstellt, wenn sie stark gereizt wird, sei es durch Abschneiden des Magenstieles, sei es durch starkes Umrühren des Wassers. Hält man eine derart erregte *Rhizostoma* so, daß ihre Achse horizontal steht, so steigt sie, losgelassen, nach meinen Beobachtungen stets in einem mehr oder weniger weiten Bogen nach oben. Ist sie am Wasserspiegel angelangt, so wird sie dort abgestoßen, gleichsam reflektiert, und schwimmt dann stets in einem glatten Bogen wieder aufwärts. Die angestrebte negativ-geotaktische Einstellung wird nicht erreicht, weil dafür die Aquarien viel zu klein sind.

Diese *negativ-geotaktische Reaktion kann sich auch umkehren* und zwar unter dem Einfluß des Lichtes. Ich habe solche Versuche mit zwei Exemplaren von *Rhizostoma* ausführen können. Setzt man diese Meduse in einem Glasaquarium von geeigneter Größe dem direkten Sonnenlicht aus, so sind anfangs ihre Bewegungen noch ganz ungerichtet; nach einiger Zeit aber bleibt sie dauernd am Grunde des Gefäßes und erhebt sich gar nicht mehr oder nur für ganz kurze Zeit ins freie Wasser. Nach oben gebracht, schwimmt sie stets in einem Bogen *abwärts*. Die erste der untersuchten Medusen war nach etwa 10 Minuten Belichtung positiv geotaktisch, ins diffuse Licht zurückgebracht, verschwand die Geotaxis erst nach etwa 15 Minuten. Die zweite Meduse war schon nach 4 Minuten positiv, wurde dann sofort ins diffuse Licht zurückgebracht, behielt aber diese Reaktion noch 40 Minuten lang bei. Es handelt sich hier durchaus nicht um ein passives Absinken, denn die Bewegungen waren stets lebhaft; überdies erwies sich die zweite Meduse als spezifisch leichter als das Wasser, konnte also nur aktiv nach abwärts schwimmen. Daß die Temperaturerhöhung dabei eine Rolle spielt, ist nicht anzunehmen, denn in wenigen Minuten kann die Sonne das Wasser nicht wesentlich erwärmen, und die stets höhere Außentemperatur wird das Wasser nachher im diffusen Licht, wo die Geotaxis verschwand, nur noch weiterhin erwärmt haben. Lichtsinnesorgane sind bei dem Tiere nicht bekannt.

Wie die geotaktische Orientierung bei *Rhizostoma* zustande kommt, konnte ich nicht ermitteln. Nur bei einem Exemplar glaubte ich ganz deutlich gesehen zu haben, daß bei negativer Einstellung immer der obere Teil der Glocke stärker gewölbt ist, bei negativer der untere. Da ich mich aber späterhin nicht mehr mit Sicherheit davon überzeugen konnte, so möchte ich die Frage noch für unentschieden halten. Daß die sicher vorhandenen Kompensationsbewegungen hier so schwer oder gar nicht zu beobachten sind, ist wohl darauf zurückzuführen, daß bei ihnen nicht nur der Schirmrand, wie wir es für *Cotylorhiza* festgestellt haben, sondern die ganze Glocke beteiligt ist. Kleine Unterschiede der Wölbung zwischen unten und oben, die subjektiv nicht erkannt werden können, genügen wohl, um die Drehung zu bewirken.

Ganz ähnlich verhält sich auch *Pelagia*. Auch sie kann kreuz und quer durch das Wasser schwimmen. Wird sie aber gereizt, so stellt sie sich senkrecht nach oben ein. Positive Geotaxis konnte ich nicht erzielen. Bei dieser Meduse sind auch die Kompensationsbewegungen ganz leicht zu beobachten. Wie schon oben beschrieben, ist bei ihr, offenbar in Zusammenhang mit der flacheren Gestalt der Glocke, die Muskulatur des Randes physiologisch mehr differenziert als bei *Rhizostoma*, was daran zu erkennen ist, daß er um ein merkliches später schlägt als der centrale Teil. Die Kompensationsbewegungen fallen fast ganz oder ausschließlich der Randzone zu, und eben deswegen sind sie so leicht zu sehen. Der Rand erscheint wie bei *Cotylorhiza* oben mehr eingebogen als unten, und es scheinen ihm entlang Contractionswellen zu laufen.

Die biologische Bedeutung der geotaktischen Reaktionen der Medusen zu beurteilen ist sehr schwer, weil wir uns nicht leicht richtige Vorstellungen über die Lebensbedingungen der pelagischen Tiere bilden können. *Cotylorhiza* würde sich auch ohne Kompensationsbewegungen rein passiv sehr rasch in die Normallage einstellen. Daß *Rhizostoma* sich nach mechanischer Reizung aufwärts bewegt, ist mir biologisch unverständlich. Die stärksten und gefährlichsten Reize, die ein solches Tier treffen können, dürfte der Wellenschlag bei Stürmen verursachen. Die entgegengesetzte Bewegung, die nach abwärts, würde uns unter diesen Umständen zweckmäßig erscheinen, wie sie denn auch bei anderen zarten pelagischen Tieren, z. B. *Beroë*, eintritt (VERWORN). Dasselbe habe ich für die Trachomeduse *Carmarina* festgestellt. In einem ruhig stehenden Aquarium bewegt sie sich fast gar nicht und schwebt in genau vertikaler Stellung, was offenbar rein passiv bedingt ist. Nach starker mechanischer Reizung, etwa durch Hin- und Herstoßen mit einem Glasstabe, beginnt sie sehr lebhaft zu schlagen, wendet sich in einem kurzen Bogen nach abwärts und bleibt mit der Exumbrella nach unten mehrere Minuten am Grunde des Gefäßes. Gut zu verstehen ist ferner die positive Geotaxis von *Rhizostoma* unter dem Einflusse des Sonnenlichtes. Es können dadurch einmal dessen direkte schädliche Wirkungen vermieden werden. Für noch wichtiger halte ich es, daß die Regionen, die vor der Sonne mehr geschützt sind, auch nahrungsreicher sind, denn die Planctonten, von denen *Rhizostoma* lebt, ziehen sich zum großen Teil tagsüber und besonders bei hellem Sonnenschein in größere Tiefen zurück[1]).

---

[1]) Herr Professor O. KOEHLER hatte die Freundlichkeit, mich auf die

Nach mündlichen Mitteilungen von Herrn Dr. FRÄNKEL über noch nicht publizierte Untersuchungen, die er an Medusen von Helgoland anstellte, sind auch bei *Cyanea* und *Chrysaora* Kompensationsbewegungen nachweisbar. Da solche demnach bereits bei fünf, zwei verschiedenen Familien angehörigen Formen aufgefunden sind, so ist es mir aufs höchste wahrscheinlich geworden, daß sie den Scyphomedusen ganz allgemein zukommen, um so mehr, als sie ja alle fast genau gleich gebaute Randorgane besitzen, an die, wie unten noch auszuführen sein wird, die statischen Reaktionen gebunden sind. Zwischen den einzelnen Arten haben sich bereits jetzt erhebliche Unterschiede in bezug auf das Auftreten der Reflexe ergeben. Diese sind nur als Anpassungen an die besonderen Bedingungen, unter denen die verschiedenen Formen leben, zu verstehen.

4. Die Funktion der Randorgane.
a. Bedeutung der Randorgane für den normalen Medusenschlag.

Das grundlegende Experiment, das zuerst EIMER und ROMANES ausführten, besteht darin, daß man einer Meduse sämtliche Randorgane herausschneidet. Sie ist dann gelähmt, macht keine spontanen Bewegungen mehr, reagiert aber auf einen starken Reiz wie ein normales Tier mit einem Schlag. Wir müssen daraus den Schluß ziehen, daß von den Randorganen die Erregungen ausgehen, die die normalen spontanen Medusenbewegungen verursachen.

Über die weitere Frage, wie diese Erregungen erzeugt werden, stehen sich im wesentlichen zwei Ansichten gegenüber. Die eine, die eigentlich nur von EIMER vertreten wurde, nimmt an, daß die Randorgane, ohne daß äußere Reize notwendig sind, Erregungen aussenden. Der Autor nennt die Medusenbewegungen unwillkürlich; in unserer heutigen Ausdrucksweise würden wir sagen automatisch. Die zweite Ansicht, die in erster Linie von UEXKÜLL ausgeht und heute zu allgemeiner Anerkennung gelangt ist, faßt die Medusenbewegungen als Reflexe auf. Sie nimmt an, daß zur Auslösung einer Contraction stets Sinnesreize notwendig sind.

Ich halte es im Interesse einer kurzen und übersichtlichen Darstellung für gut, zunächst meine eigenen Versuche zu diesem Thema wiederzugeben und erst später auf diejenigen anderer Autoren näher einzugehen und sie kritisch zu beleuchten. Meine Untersuchungen wurden ausschließlich mit *Cotylorhiza* angestellt.

Unter den vielen Exemplaren dieser Meduse, die ich bei meinen Versuchen in die Hände bekam, führte keine einzige noch normale, spontane

---

Arbeit von H. M. Fox (Proc. of the Cambridge philos. soc. Biol. science Bd. 1, 1925) hinzuweisen, der fand, daß Paramaecium und Larven von Seeigeln im Dunkeln sich negativ-geotaktisch oben, im Licht dagegen positiv-geotaktisch unten ansammeln.

Bewegungen aus, wenn ihr sämtliche Randorgane herausgeschnitten waren. Ganz anders ist der Erfolg, wenn man nur den Randkörper oder Teile von ihm herausnimmt; es sind dies Versuche, wie sie ähnlich schon EIMER vor langer Zeit angestellt hat und über die unten noch genauer berichtet werden soll. Ich schnitt den Tieren stets alle Randorgane bis auf eines heraus. Dann wurde der letzte noch erhaltene Randkörper mit Hilfe einer Nadel unter dem binokularen Mikroskop mehr oder weniger weitgehend zerstört und die Folgeerscheinungen der Operation festgestellt. Nach Beendigung des Versuches wurde das Randorgan fixiert, um nachher histologisch untersucht zu werden. Leider verwendete ich für den größten Teil des so gesammelten Materiales zur Fixation Formol, das sich nachher deshalb als ungeeignet erwies, weil dabei starke Zerreißungen des Gewebes entstehen. Zur Untersuchung der feineren Einzelheiten waren daher nur einige mit FLEMMINGscher Lösung fixierte Randkörper geeignet.

Zu meiner großen Überraschung *hörten die spontanen Bewegungen auch nach weitgehender Zerstörung des Randkörpers nicht auf, es wird meist nicht einmal der Rhythmus dadurch verlangsamt.* Die Entfernung des Krystallsackes ist sehr einfach[1]). Nachdem man die umhüllende, ziemlich derbe, aus Epithel und Gallerte bestehende Membran zerrissen hat, fällt der Inhalt als krümlige Masse leicht heraus. Die spontanen Contractionen werden durch diesen Eingriff überhaupt nicht gestört. Nimmt man auch noch ein Stück des Sinnesepithels mit, so kann die Schlagfrequenz anfangs stark vermindert sein und es können Pausen von 15—30 Sekunden eintreten. Aber nach 2—3 Minuten gehen die Schläge stets weiter wie zuvor. Bei ganz vorsichtigem Arbeiten, durch Abpräparieren ganz kleiner Stückchen des Randkörpers, kann man zu einem Stadium kommen, wo das Schlagtempo dauernd vermindert ist und auch nach mehr als einer Stunde keine Erholung eintritt. Einen solchen Fall habe ich in Abb. 5 dargestellt. *a* zeigt einen normalen Randkörper, *b* und *c* zwei Schnitte durch den letzten operierten Randkörper desselben Individuums bei derselben Vergrößerung. Das Tier machte mit diesem vor der Operation 20—25 Schläge in der Minute, nachher nur noch 4—5. Eine Stunde nach der Operation war die Schlagfrequenz noch genau dieselbe; nach Abschneiden des ganzen Randorganes hörten die Bewegungen jedoch ganz auf. Die etwas schief gefallenen Schnitte zeigen, daß der Krystallsack ganz entfernt war. Das dorsale Sinnesepithel ist erhalten, aber an mehreren Stellen zerrissen. (Es ist nicht auszuschließen, daß das erst bei der Fixierung eingetreten ist.) Das

---

[1]) Bei diesem und allen folgenden Versuchen wurde der fast nur aus Gallerte bestehende, mit Ausnahme der feinsten Enden unbewegliche Magenstiel vorher entfernt. Dadurch wird das Verhalten der Tiere nicht verändert und das Experimentieren wesentlich erleichtert.

auf der subumbrellaren Seite gelegene Sinnesepithel fehlt bis zur Basis, und auch das Randkörperganglion scheint noch verletzt zu sein. Wie weit es abgetragen ist, läßt sich nicht mit Sicherheit beurteilen, da Schrumpfungen bei der Fixierung stets kleine Lageveränderungen verursachen. Leider ist dies das einzige Präparat von einer Meduse mit verminderter Schlagfrequenz, das eine so genaue Lokalisierung der Schädigung ermöglicht, da das übrige Material dafür nicht gut genug fixiert war. Es hätten sich sonst wohl die Gewebsbezirke, die für das Zustandekommen der spontanen Bewegungen notwendig sind, noch genauer festlegen

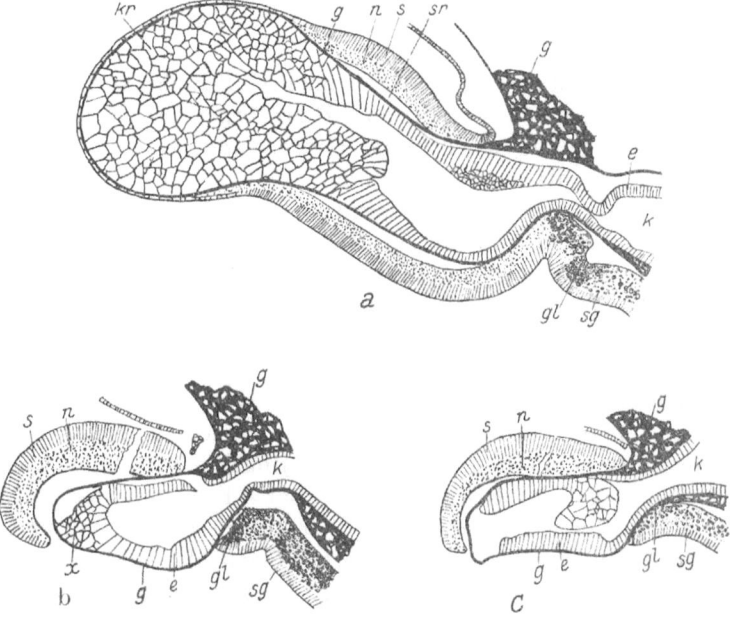

Abb. 5. Schnitt durch ein a normales, b und c operiertes Randorgan eines Tieres. *kr* Kristallsack, *g* Gallerte, *n* Nervenfilz, *s* Sinnesepithel, *sr* Schrumpfraum, *e* Entoderm, *k* Gastralkanal, *sg* Sinnesgrube, *gl* Ganglienzellen. Die Entodermzellen in *b* bei *x* zeigen polygonale Gestalt, weil sie schief geschnitten wurden. Um sich klar zu machen, was in *b* und *c* fehlt, braucht man nur die beiden Schnitte mit *a* messend zu vergleichen. Gezeichnet mit ABBÉschem Zeichenapparat.

lassen. Trägt man den Randkörper ganz bis zur Basis ab, so ist das Tier in allen Fällen ganz gelähmt. Bei meinen ersten Versuchen trat bisweilen eine vollständige Lähmung auch in solchen Fällen ein, wo wenig mehr als der Krystallsack entfernt war. Es ist anzunehmen, daß dabei auch die tiefer liegenden Partien teilweise zerstört waren, was aber infolge der schlechten Fixierung am histologischen Präparat nicht zu erkennen war.

Auf die Frage, die uns hier hauptsächlich interessiert, geben, wie ich glaube, schon die erwähnten Versuche eine klare Antwort. Mit der Entfernung des Krystallsackes ist der mechanische Teil des Sinnesorganes, das der Randkörper vorstellt, zerstört, und er kann daher sicherlich nicht mehr funktionieren. Auch das Sinnesepithel des Randkörpers scheint nicht notwendig zu sein. Erst wenn das an der Basis dieses Organes und unter dem Epithel der Sinnesgrube gelegene Randkörperganglion betroffen wird, tritt eine starke Verlangsamung der Schlagfolge ein. Wir werden daher nicht fehlgehen mit der Annahme, daß von ihm die Erregungen ausgehen, die die Contractionen auslösen. *Da die Ausschaltung eines so mächtigen Sinnesorganes wie des Randkörpers die Bewegungen nicht zum Stillstand bringt, so wird es wahrscheinlich, daß diese nicht reflektorisch durch Sinnesreize verursacht werden, sondern daß sie automatisch sind.*

Gegen diese Auffassung läßt sich noch eine Reihe von Einwänden erheben. Erstens haben wir mit dem Randkörper nur eines der beiden vorhandenen Sinnesorgane entfernt. Daß das andere, die innere Sinnesgrube, die meist als chemisches Sinnesorgan angesprochen wird, für die Auslösung des normalen Schlages von Bedeutung ist, ist jedoch deshalb nicht anzunehmen, weil der Rhythmus durch Ausschaltung des Randkörpers auch nicht einmal verlangsamt wird, dagegen eine bedeutende Abnahme der Schlagfrequenz erfolgt, wenn das Randkörperganglion auch nur wenig zerstört, die Sinnesgrube aber ganz erhalten ist. Ferner könnte man daran denken, daß die Erregungen, die von den Sinneszellen ausgehen, im Randkörperganglion eine Art Speicherung erfahren, daß dieses durch die Sinnesorgane ständig in einem gewissen Erregungszustand erhalten wird, der erst allmählich abklingt, wenn die Sinnesreize ausbleiben. Etwas derartiges hat z. B. BUDDENBROCK für die Halteren der Dipteren angenommen. Schließlich könnte man noch einwerfen, daß der Wundreiz am operierten Organ den normalen Sinnesreiz ersetzt. Zur Widerlegung der beiden letzten Einwände erwähne ich das Verhalten meiner Meduse 13:

7 Uhr 30 Minuten abends: Herausschneiden von 7 Randorganen. Macht 29 Schläge pro Minute. Daraufhin wird der Krystallsack des letzten Randkörpers entfernt. Sofort nach der Operation 33 Schläge in der Minute, 8 Uhr 45 Minuten 31 Schläge. Am nächsten Morgen 9 Uhr 30 Minuten 12 Schläge in der Minute, dann Randorgan fixiert. Die histologische Untersuchung bestätigte, daß der ganze Krystallsack, dazu ein kleiner Teil des Sinnesepithels entfernt war.

Die Operation hat, offenbar infolge der starken, damit verbundenen Reize, die Schlagzahl etwas erhöht, was auch sonst oft zu beobachten war; sie sinkt in $1^1/_4$ Stunden kaum, und ihre Abnahme nach 14 Stunden ist nicht größer als bei ganz normalen Individuen, die nach $^1/_2$ Tag im Aquarium stets sehr matt sind. Dieses Versuchsergebnis wird wohl niemand durch eine Fortdauer des Erregungszustandes erklären wollen. Ich halte es aber auch für ganz unwahrscheinlich, daß Wundreize hier maßgebend sind. Es ist mir kein Fall bekannt, wo inadäquate Reize länger als kurze Augenblicke die Stärke der normalen Sinnesreize erreichen. Sie müssen in diesem Falle so stark sein, daß sie sehr rasch ein Absterben der betroffenen Nervenelemente zur Folge haben. In unserem Falle müßten sie mindestens 1 Stunde unvermindert stark anhalten. Randorganlose Medusen kann man beliebig zerstückeln, ohne daß sie nachher eine einzige spontane Contraction ausführen. Um aber alle Zweifel zu zerstreuen, habe ich die Absicht, im nächsten Jahre die Versuche noch mit längerer Beobachtungszeit auszuführen. Am besten wären die Versuche mit *Cassiopea* auszuführen, die sich im Aquarium wochenlang hält.

Eine ungezwungene Erklärung meiner Versuchsergebnisse erhält man nur dann, wenn man annimmt, daß *für die normalen Bewegungen der Meduse keine äußeren Reize notwendig sind, sondern daß sie durch Erregungen ausgelöst werden, die an irgendeiner Stelle des Randorganes, höchstwahrscheinlich im Randkörperganglion, automatisch erzeugt werden.*

Bei unserem Versuchstiere hören, wie gesagt, nach Wegschneiden aller Randorgane die spontanen Bewegungen für immer auf. Dies steht in Widerspruch mit den Angaben fast aller anderen Untersucher (EIMER, ROMANES, BETHE u. a.), die berichten, daß häufig nach einer gewissen Zeit wieder spontan rhythmische Bewegungen einsetzen. Ich will keineswegs fest behaupten, daß hier in allen Fällen ein Irrtum vorliegt. Es bestehen aber meines Erachtens doch Gründe, vorerst noch etwas skeptisch zu sein. Sicherlich ist oft eine ganz andersartige Erscheinung mit den normalen Pulsationen verwechselt worden, nämlich die im Kreise laufenden Contractionswellen, die später noch genauer beschrieben werden sollen (S. 70 f.). Sie können bei randorganlosen Exemplaren von *Cotylorhiza* leicht hervorgerufen werden, entstehen auch gelegentlich nach längerem Aufenthalt im Aquarium scheinbar spontan (FRÄNKEL), wobei aber wahrscheinlich Reize, die durch degenerative Prozesse entstehen, die eigentliche Ursache sind. Daß diese Erscheinung bei früheren Untersuchungen ausgeblieben ist, kann kaum angenommen werden. Tatsächlich beschreibt EIMER die bei einer randorganlosen Meduse auftretenden Contractionen folgendermaßen (S. 38): „Öfters habe ich beobachtet, daß sie sich von ihrem Ausgangspunkt wie ringförmig, wie im Kreis parallel dem Schirmrande fortpflanzten." Auf mündliche Anfrage teilte mir Herr Dr. FRÄNKEL mit, daß er bei randorganlosen Medusen, sowohl *Cotylorhiza* als auch bei *Chrysaora* nie andere als diese im Kreise laufenden Contractionen beobachtet hat, und daß sie bei letzterer Form ganz besonders leicht auftreten. A. G. MAYER, der diese Erscheinung zum erstenmal genauer beschrieben hat, berichtet nirgends von normalen Schlägen bei randorganlosen Medusen. Ich halte es für durchaus möglich, daß alle spontanen rhythmischen Contractionen, die bisher bei randorganlosen Medusen beschrieben wurden, in Wirklichkeit solche

Kreisbewegungen sind und infolgedessen, wie aus späteren Erörterungen zu ersehen sein wird, nichts mit den hier behandelten Pulsationen zu tun haben. Sollten aber wirklich echte spontane Schläge an randorganlosen Medusen noch vorkommen, so ist anzunehmen, daß auch dem peripheren Nervennetz automatische Fähigkeiten zukommen, die erst zur Wirksamkeit gelangen, wenn die kräftigeren, im Randorgan liegenden Centren ausgeschaltet werden. Wir hätten dann einen ähnlichen Fall vor uns wie beim Herzen, wo es bekanntlich auch Centren verschiedenen Grades gibt. Die niederen Centren kommen beim normalen Herzen nicht zur Geltung; wenn dagegen die höheren ausgeschaltet werden, so treten sie an deren Stelle und bringen das Herz nach einer gewissen Pause wieder zum Schlagen. Es wäre eine an sich durchaus nicht unwahrscheinliche Annahme, daß auch bei den Medusen Ersatzcentren auftreten.

Ich gehe jetzt dazu über, die Untersuchungen früherer Autoren zu der hier behandelten Frage darzulegen. In erster Linie ist hier EIMER zu erwähnen, dessen Versuche mit den meinen weitgehend übereinstimmen, aber so gut wie gar keine Beachtung fanden, offenbar, weil sie nicht überzeugend genug erschienen. Er suchte die Stelle, von der die die Pulsationen veranlassenden Erregungen ausgehen, genauer zu lokalisieren und fand, daß nach Zerstörung der Randkörper allein die Schläge einer Meduse zwar kurze Zeit, mehrere Minuten bis $^1/_2$ Stunde, aussetzen können, daß aber dann doch meist wieder Erholung eintritt. Erst Entfernung der sogenannten contractilen Zone, eines Gewebebezirkes, der der später so benannten inneren Sinnesgrube entspricht, bewirkte meist eine länger dauernde Lähmung. EIMER kommt daher, ganz in Übereinstimmung mit meinen Befunden, zu dem Schluß, daß die normalen rhythmischen Contractionen auch ohne die Randkörper möglich, und daß ihr Ausgangspunkt die contractilen Zonen sind. Da er aber die Schnelligkeit des Rhythmus nicht berücksichtigt hat, so hält er es für möglich, daß die Randkörper vermöge ihrer Sinneszellen doch eine gewisse Rolle für den normalen Schlag spielen.

Gegen seine Ergebnisse lassen sich jedoch schwerwiegende Einwendungen machen. Der Erfolg der Operationen war sehr wechselnd. Oft trat schon nach Zerstörung des Krystallsackes völlige Lähmung ein; in anderen Fällen hörten die Contractionen auch nach Entfernung der contractilen Zonen nicht auf. Häufig begannen die Medusen nach Entfernung sämtlicher Randorgane nach einer Pause von wenigen Minuten bis mehreren Stunden wieder zu schlagen, was bei *Cyanea* sogar meist eingetreten sein soll. Das läßt die Schlußfolgerungen EIMERS nicht zwingend erscheinen, denn wir können im einzelnen Fall nicht sicher entscheiden, ob die Schläge, die nach der Operation auftreten, normale, vom Randorgan ausgelöste Contractionen sind, oder ob sie auch ohne dieses zustande gekommen wären. Darauf ist es wohl zurückzuführen, daß diese Untersuchungen von späteren Autoren gar nicht mehr beachtet wurden. Die Unsicherheit der Versuchsergebnisse Eimers hat ihre Ursache wohl einerseits in seiner unvollkommenen Operationstechnik, vor allem dem Fehlen einer mikroskopischen Kontrolle, anderseits darin, daß er die normalen Bewegungen nicht von den kreisenden Contractionen unterschieden hat.

Uexküll beantwortete die Frage nach der Entstehung der die Pulsationen auslösenden Erregungen gerade in entgegengesetztem Sinne. Er stützte sich dabei auf ein sehr bekannt gewordenes Experiment. Einer *Rhizostoma* werden alle Randorgane bis auf eines entfernt. Die Meduse schlägt, wenn auch etwas langsamer als zuvor, weiter. Hält man jetzt den letzten erhaltenen Randkörper mit irgendeinem feinen Gegenstande fest, so steht die Meduse sofort still. Uexküll faßt die Funktion der Randkörper folgendermaßen auf. Er nimmt an, daß sie durch die Bewegungen des Tieres oder Strömungen des Wassers ständig in leichter Bewegung gehalten werden und dabei den auf ihnen liegenden Sinneszellen Reize vermitteln. Diese bewirken dann nach diesem Autor reflektorisch die Muskelcontractionen. Wenn daher der Randkörper verhindert wird, Bewegungen auszuführen, so müssen die Pulsationen aufhören.

Diese Deutung des Versuches läßt sich mit den hier mitgeteilten Tatsachen kaum vereinbaren. Da der größte Teil des Randkörpers, die Sinneszellen und der Krystallsack, für die Auslösung der normalen Contractionen nicht notwendig zu sein scheinen, so steht damit in Widerspruch, daß die Contractionen davon abhängen sollen, ob das Organ Bewegungen ausführt oder nicht. Ich kann mir das Ergebnis des Uexküllschen Versuches nur so deuten, daß durch das Einschieben des zum Festhalten des Randkörpers dienenden Gegenstandes, das offenbar mit bloßem Auge geschah, das Randkörperganglion eine Art Schock erlitt. Bei diesem ziemlich rohen Vorgehen sind Verletzungen sicherlich nicht auszuschließen. Das Aufhören der Contractionen bei *Rhizostoma* wäre dann dieselbe Erscheinung wie die starke Verlangsamung und das zeitweilige Aufhören der Contractionen nach tiefgehenden Operationen der Randkörper bei *Cotylorhiza* (S. 48). Ich selbst habe zu anderen Zwecken viele ähnliche Versuche wie Uexküll unter dem binokularen Mikroskop ausgeführt und keine Resultate erhalten, die die Ansichten Uexkülls stützen könnten.

Eine sehr eigenartige Ansicht über die Auslösung der rhythmischen Pulsationen der Medusen hat A. G. Mayer geäußert; sie sei nur der Vollständigkeit halber erwähnt. Der Autor schließt aus seinen salzphysiologischen Untersuchungen, daß das reine Meerwasser eine nichtreizende Flüssigkeit ist, und zwar deshalb, weil die reizende Wirkung der in ihm enthaltenen Natriumionen und die lähmende der Magnesiumionen sich gerade das Gleichgewicht halten. Der Autor hat nun für Cassiopea wahrscheinlich gemacht, daß die Krystalle des Krystallsackes aus Calciumoxalat bestehen. Ihre Bildung denkt er sich so, daß die Zellen fortgesetzt Natriumoxalat produzieren, was wiederum sofort das Ausfallen von Calciumoxalat zur Folge hat. Die dabei frei werdenden Natriumionen wirken als starker Nervenreiz und lösen deshalb die Contractionen aus. Da wir gesehen haben, daß der Krystallsack für das Auftreten spontaner Bewegungen nicht notwendig ist, so wird auch diese Ansicht hinfällig.

Es möge gestattet sein, hier eine kleine teleologische Betrachtung einzufügen. Das Ergebnis, daß die Erregungen, die die Medusenbewegungen erzeugen, automatisch entstehen, scheint mir nicht nur als am besten den Tatsachen entsprechend, sondern auch als das am meisten zweckentsprechende Verhalten. Es wäre biologisch schwer einzusehen, weshalb zur Auslösung von Bewegungen, die ständig in allen Lebenslagen gleichmäßig weitergehen und nur selten Unterbrechungen erleiden, jedesmal besondere von außen kommende Reize notwendig sein sollen, zudem mechanische Reize, die je nach der Lage des Tieres und je nach dem Schlagtempo wechseln. Daß der Organismus zu rhythmischen Bewegungen ohne äußere Reize fähig ist, sehen wir zur Genüge am Wirbeltierherzen. Es ist kein Zweifel, daß diese bei vielen Organismen eine große, ja entscheidende Rolle für die Auslösung der Fortbewegung spielen. Ich erinnere nur an den bewegungsbeschleunigenden Einfluß des Lichtes auf viele Insekten. Der Nutzen dieses Verhaltens ist leicht einzusehen. Es wäre für sie höchst unzweckmäßig, wenn sie vermöge eines automatisch wirkenden Mechanismus sich auch im Dunkeln bewegen würden, wo sie keine Nahrung finden oder infolge der Unmöglichkeit, sich zu orientieren, sich schweren Gefahren aussetzen würden. Man darf jedoch aus solchen Beispielen keine allgemeineren Schlüsse ziehen, weil es sich hier um Anpassungen an bestimmte Umweltsbedingungen handelt.

b. Über die Auslösung der Kompensationsbewegungen.

Die Randkörper haben den typischen Bau eines statischen Sinnesorganes; es ist daher, seitdem die Bedeutung solcher Organe bei anderen Tieren erkannt war, auch für sie eine statische Funktion angenommen worden. Da jedoch der experimentelle Beweis dafür lange Zeit nicht glückte, so waren schon starke Zweifel daran geäußert worden. LEHMANN vertrat die Ansicht, daß dem Randkörper überhaupt keine spezifische Sinnesfunktion zukomme, sondern daß er nur die zur Fortbewegung notwendigen Erregungen liefere, eine Ansicht, die wir auf Grund der eben beschriebenen Versuche ganz ablehnen müssen. v. FRISCH hat bereits betont, daß die Versuche LEHMANN's nicht beweisend seien für das Fehlen eines statischen Sinnes und auf Beobachtungen BETHES (1910) hingewiesen, nach denen Medusen gelegentlich aktiv eine Gleichgewichtslage anstreben.

Erst vor kurzer Zeit hatte FRÄNKEL als erster Kompensationsbewegungen bei Medusen, speziell bei unserem Versuchstier *Cotylorhiza* sicher nachgewiesen; ich habe sie eingangs beschrieben. Er konnte auch nachweisen, daß diese von den Randorganen (die er, morphologisch nicht ganz richtig, als Randkörper bezeichnet) ausgelöst werden. Er schnitt einer Meduse alle Randorgane bis auf eines oder zwei heraus; die Bewegungen hörten dann für einige Zeit ganz auf. Stellte er nun die Körperachse der Meduse horizontal, und zwar so, daß die erhaltenen Randorgane oben waren, so begann sie sofort zu schlagen. Nach einer Drehung des Tieres um seine Achse, bis die Randorgane seitlich oder unten waren, hörten die Bewegungen wieder auf. Ich kann diesen wichtigen Versuch bestätigen. Die Pulsationen hörten zwar nach Ausschneiden aller Randorgane bis auf eines nicht ganz auf, waren aber zunächst stark verlangsamt. Brachte ich jetzt bei horizontal gestellter Körperachse das letzte Randorgan nach oben, so wurde der Schlag sehr lebhaft; es erfolgten zusammenhängend je etwa 30—40 Schläge, worauf jedesmal eine Pause von

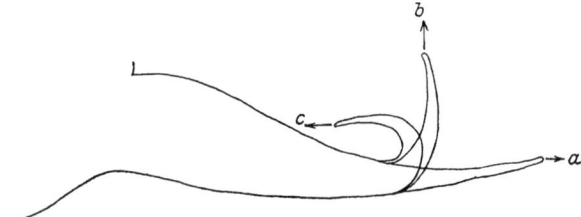

Abb. 6. Die Pfeile bezeichnen die Lage des Randkörpers.

10—20 Sekunden einsetzte. Wurde dann die Meduse, während sie gerade in lebhaftem Schlagen begriffen war, um 60—90° um ihre Achse gedreht, so stand das Tier stets plötzlich still. Nach einer Pause von 20—30 Sekunden begannen auch jetzt wieder die Bewegungen, aber langsam, in Perioden von 3—4 Schlägen. Rückdrehung bis das Randorgan wieder oben ist, bewirkt sofortigen Beginn der Kontraktionen.

Noch einfacher und eindringlicher kann man den Einfluß der Lage des Randorganes auf die Bewegungen demonstrieren, wenn man die Meduse mit der Exumbrella nach unten fixiert und das Sinnesorgan allein die Lageveränderungen machen läßt. Hält man den Rand an der Stelle, wo dieses sitzt, horizontal nach außen oder nach oben (Abb. 6 a und b), so erfolgen nur Contractionen in längeren Pausen. Biegt man ihn aber so, daß er horizontal nach innen gerichtet ist (c), so wie er bei senkrecht gestellter Meduse (Abb. 4) am höchsten Punkte liegt, so erhält man eine rasche Folge von Schlägen, die augenblicklich aufhören, wenn man den Rand wieder herabbiegt. Auch die Art der Contractionen ändert sich mit der Lage des Randorganes. Ist dieses oben bzw. nach innen gebogen, so bleibt dort die Muskulatur, ebenso wie bei den Kompensationsbewegungen der normalen Meduse, immer stärker kontrahiert; zwischen den Contractionen tritt dort keine völlige Erschlaffung ein.

Auch ohne besondere Beweise wird niemand daran zweifeln, daß die statischen Reaktionen von den mächtigsten Sinnesorganen der Meduse, den Randkörpern ausgehen, die ja den typischen Bau eines Sinnesorgans mit statischer Funktion besitzen. Daß sie dafür notwendig sind, läßt sich auch durch Versuche zeigen. Bei einer Meduse mit einem einzigen Randorgan bleiben die normalen Schläge nach Beschädigung des letzten Randkörpers, wie bereits ausgeführt, unverändert bestehen, dagegen verschwindet die Abhängigkeit der Schlagzahl und der Schlagfolge von der Lage des Randorganes. Es sei ein derartiger Versuch hier genauer geschildert. Das Tier wird mit der Exumbrella nach unten in einem Wachsbecken festgesteckt und sein Verhalten vor und nach der Entfernung des Kristallsackes untersucht. Die gefundenen Schlagzahlen pro Minute seien hier wiedergegeben. Außen bedeutet, daß der Teil des Randes, der es trägt, die Stellung Abb. 6 a einnimmt, innen, daß er wie c nach innen gebogen ist.

Ein normales Randorgan:

                außen . . 13
                innen . . 33

Kristallsack entfernt:

                außen . . 11
                innen . . 16
                außen . . 13
                innen . . 14
                außen . . 20

Der Versuch ist in Wirklichkeit noch viel augenfälliger als es diese Zahlen wiedergeben können. Der deutlichste Effekt, den das normale Randorgan gibt, ist das sofortige Auftreten einer Schlagpause, wenn der Rand aus der Stellung *innen* in die *außen* gebracht wird, und der Wiederbeginn bei einer Lageänderung des Randkörpers in umgekehrtem Sinne. Wenn der Randkörper beschädigt ist, gehen die Schläge ganz unbekümmert um die Lage des Organes weiter.

Es erhebt sich jetzt die Frage: In welcher Weise entstehen die Reize, die die Lagereflexe auslösen? Vergegenwärtigen wir uns zunächst die Lage der Randkörper während der beschriebenen Experimente. In der Normallage des Tieres hängen der Rand und mit ihm die Randkörper ziemlich genau nach abwärts (Abb. 3 a). Diese Lage gibt keine Reaktion, ebensowenig diejenige, bei der der Rand horizontal mit der Exumbrella nach abwärts oder senkrecht nach aufwärts gerichtet ist

(Abb. 6 a, b). Der Randkörper tritt aber in Funktion, wenn er horizontal mit der exumbrellaren Seite nach oben gekehrt ist. Er hat dann die in Abb. 1 dargestellte Lage. Der Kristallsack wird den Randkörper nach abwärts zu drücken suchen. Dies müssen wir daher als den Reiz betrachten, der die Kompensationsbewegungen hervorruft.

Die Richtigkeit dieses Schlusses kann auch durch Experimente bewiesen werden. An größeren Exemplaren von *Cotylorhiza* (Durchmesser 15—20 cm) ist es nicht besonders schwierig, unter dem binokularen Mikroskop die Randkörper mit einer Nadel zu bewegen. Der Versuch wird so angestellt, daß der Meduse alle Randorgane bis auf eines ausgeschnitten werden. Dann wird sie mit der Subumbrellarseite nach abwärts in einem Wachsbecken aufgesteckt und der Rand unmittelbar neben dem Randorgan mit zwei Fingern gut festgehalten. Es ist scharf darauf zu achten, daß man das Sinnesorgan nur ganz am Ende, also am Kristallsack berührt. Es leuchtet ein, daß ein Druck auf die mehr proximal gelegenen Sinneszellen eine starke Reizung bedeutet, die unbedingt vermieden werden muß. Bewegt man in dieser Weise den nach aufwärts gerichteten Randkörper ganz vorsichtig, während das Tier gerade eine längere Pause macht, so folgt darauf meist keine Contraction, wenn man ihn nach oben an die Deckschuppe drückt, ebensowenig, wenn er schwach seitwärts verschoben wird. Die leiseste Bewegung abwärts (d. h. nach der subumbrellaren Seite) dagegen genügt, um eine ganze Reihe, rasch aufeinanderfolgender Schläge auszulösen.

Der Versuch läßt sich mit dem gleichen Randkörper meist mehrmals mit demselben Effekt ausführen. Nach einigen Wiederholungen wird jedoch die Erscheinung undeutlich. Das hat verschiedene Ursachen. Auch bei gutem Festhalten sind kleine Bewegungen des Randorganes während der Contractionen nicht ganz auszuschließen. Aus diesem Grunde kann man nicht vermeiden, daß gelegentlich der Randkörper stark nach unten oder der Seite geschoben wird. Dann kehrt er nicht mehr von selbst in seine Lage zurück, er erscheint wie abgeknickt. Man erhält nun keine bestimmten Reaktionen mehr bei Bewegungen des Organes.

Vielfach hatte man vermutet, daß der Randkörper in der ihn umgebenden Höhlung hin und her schwingt, wie der Klöppel in einer Glocke und dabei die innere Sinnesgrube reize. Das kann nach diesen Erfahrungen als ausgeschlossen gelten. Das Organ ist infolge der an der Basis ziemlich dicken Gallerte so steif, daß es höchstens ganz feine Bewegungen ausführen kann.

Ferner scheint nach mehrmaliger Reizung durch die künstlichen, im Vergleich zu den normalen wahrscheinlich stets zu starken Bewegungen die Erregbarkeit für einige Zeit gering zu sein oder überhaupt zu verschwinden. Man erhält dann weder durch künstliche Bewegungen des Randkörpers, noch durch Lageveränderungen irgendwelche Reaktionen; sie können aber nach 1—2 Minuten wieder auftreten. In einem Falle konnte ich von Anfang an durch Bewegungen des Randkörpers nicht mit Sicherheit Contractionen auslösen. Dementsprechend war auch die Contractionsfolge ganz unabhängig von der Lage des Randorganes. Eine prinzipielle Schwierigkeit bei allen diesen Versuchen ist die, daß die Pausen nicht immer so lange sind, daß man stets mit Sicherheit sagen kann, ob eine Contraction spontan erfolgte, oder durch die Reizung ausgelöst wurde. Es empfiehlt sich daher, die Versuche sofort nach Herausschneiden der sieben Randorgane anzustellen, da anfangs der Schlag ein sehr langsamer ist und erst nach einigen Minuten wieder rascher wird.

Bei Berücksichtigung aller dieser störenden Umstände scheinen mir meine Versuchsergebnisse völlig beweisend zu sein. Während bei den ersten Versuchen eine kleine Aufwärtsbewegung des Randkörpers stets Contractionen hervorruft, meist eine ganze Schlagfolge, die sich von den gewöhnlichen Schlägen durch ihren raschen Rhythmus deutlich unterscheidet, treten nach Aufwärtsbewegung, Anpressen des Organes an die Deckschuppe, meist keine Contractionen auf. (Aufwärts bedeutet exumbrellarwärts, abwärts subumbrellarwärts).

Hat man durch Abwärtsdrücken des Randkörpers rasche Pulsationen angeregt und bewegt man ihn daraufhin wieder nach oben, so tritt sehr häufig sofortiger Stillstand ein. Der Versuch erinnert an den anderen, bei dem die Randkörper zunächst horizontal stehen und darauf durch Drehen des Tieres oder Umbiegen des Randes in eine andere Lage gebracht werden. Wie oben gezeigt, entsteht dann sofort eine Pause. Das Ergebnis des Versuches erinnert auch an den Uexküllschen Versuch, ist aber nur unter den angegebenen Bedingungen zu erzielen und auch da nicht sicher. Es ist anzunehmen, daß das Organ nach der Abwärtsbewegung nicht immer von selbst sofort in die Normallage zurückkehrt. Der Reiz hält daher an, bis diese durch Aufwärtsbewegung wieder hergestellt wird.

Die Reize, welche die einzelnen Sinneszellen bei den kleinen Bewegungen des Randkörpers empfangen, können nur Zug oder Druck sein. Um zu erklären, daß nur Abwärtsbewegung als starker Reiz wirkt, muß man wohl annehmen, daß die an der oberen, d. h. der Deckschuppe zugewandten Seite des Randkörpers liegenden Sinneszellen maximal gereizt werden, wenn sie einen Zug, die auf der anderen Seite, wenn sie einen Druck erleiden. Es mag hier daran erinnert sein, daß Magnus für das Labyrinth der Säugetiere zu ganz ähnlichen Schlüssen gekommen ist. Er hat gezeigt, daß maximale Erregungen entstehen, wenn die Otolithen horizontal stehen und an der Macula hängen.

5. Die Ursachen des Rhythmus der Medusenbewegung.

Die vom Randorgan ausgehenden, zur Auslösung der Bewegungen notwendigen Erregungen breiten sich, wie besonders BETHE scharf bewiesen hat, durch das Nervensystem aus, die Muskeln sind daran nicht beteiligt. Wir fragen uns jetzt: Wie erzeugen diese Erregungen den wunderbar gleichmäßigen, durch nichts auf die Dauer und ohne Schädigung modifizierbaren Rhythmus der Muskelbewegungen beim Medusenschlag?

EIMER hat dieses Problem noch nicht erörtert. Erst ROMANES suchte die tieferen Ursachen der Rhythmik zu ergründen. Er machte die für ihn sehr überraschende Entdeckung, daß auch randorganlose Medusen noch zu rhythmischen Contractionen veranlaßt werden können, und zwar nicht nur durch rhythmische, sondern auch durch konstante, äußere Reize, wie faradischer Strom und gewisse chemische Stoffe. Er fand auch schon die richtige Erklärung für diese Erscheinung. Sie beruht auf dem wechselnden Grad der Erregbarkeit während und nach der Contraction. Ebenso wie das Wirbeltierherz gerät die Meduse während der Contraction in ein Stadium völliger Unerregbarkeit, das sogenannte absolute Refraktärstadium. Während der Erschlaffung und noch einige Zeit nachher steigt die Erregbarkeit wieder zur normalen Höhe an; man bezeichnet dies als das relative Refraktärstadium. Nach Ablauf einer Contraction ist infolgedessen ein neuer Reiz nicht sofort wieder wirksam, sondern erst nachdem die Erregbarkeit wieder so groß geworden ist, daß er die Reizschwelle überschreitet. Auch ein konstanter Reiz kann daher keine tetanische Contraction hervorrufen, sondern nur rhythmische Pulsationen, ähnlich denen der normalen Medusen. Genau dieselbe Erscheinung ist auch für das Wirbeltierherz seit langer Zeit bekannt (MARLEY 1876).

Aus dieser Tatsache ergab sich die Möglichkeit, den Rhythmus nicht aus der Tätigkeit irgendwelcher übergeordneter Centren zu erklären, sondern aus den Eigenschaften der Muskulatur und dem dazugehörigen peripheren Nervensystem. ROMANES vertrat daher die Ansicht, daß die *Randkörper kontinuierliche Erregungen in das Nervennetz aussenden und daß dieser Vorgang durch das Refractärstadium in einen rhythmischen umgewandelt wird.* Seine Auffassung hat sich vollkommen durchgesetzt und ist bis heute die allein herrschende geblieben (BETHE, A. G. MAYER, UEXKÜLL, BUDDENBROCK). Es wurde später nur noch erörtert, ob das Nervennetz oder die Muskulatur für das Refractärstadium und damit für den Rhythmus verantwortlich sei (BETHE).

Die von ROMANES aufgestellte Theorie ist jedoch nur *eine* Erklärungsmöglichkeit. Ihr steht die andere gegenüber, daß das Randorgan in das Nervennetz rhythmische Erregungsimpulse aussendet. Ein Versuch BETHES schien zwar für die erste Möglichkeit zu entscheiden. Der

Forscher fand (er arbeitete auch mit *Cotylorhiza*), daß eine Meduse mit *einem* Randkörper noch Schläge ausführen kann, die völlig synchron erscheinen. Erzeugte er aber durch Induktionsschläge kurz nacheinander mehrere Extrasystolen, so war bei diesen die Synchronität gestört. Die Contraction breitete sich von der gereizten Stelle aus (S. 429, Abb. 88A). Aus diesen und noch einigen ähnlichen Beobachtungen zieht BETHE weittragende Schlüsse. „Diese Befunde zeigen, daß der natürliche Reiz[1] ... einen ganz anderen Contractionsmodus hervorruft als der künstliche Reiz. Letzterer ist sicherlich instantan, er wirft auf einmal an eine Stelle des Gewebes eine große Menge Reizenergie. Ich nehme an, daß der natürliche Reiz einen anderen Verlauf hat, daß er sich nämlich dauernd aber schwach in das Gewebe ergießt und es gewissermaßen in allen Teilen, welche in engerem Zusammenhang stehen, füllt. Die Entladung kann dann überall nahezu gleichzeitig erfolgen. Der Instantanreiz bringt dagegen auf einmal großen Anstoß in das Gewebe, so daß die Entladung an der Applikationsstelle früher erfolgt als der Reiz Gelegenheit gehabt hat, sich über das ganze Gewebe auszudehnen" (S. 430). Ich bezweifle, ob hier wirklich asynchrone Contractionen vorgelegen haben. Ich habe schon oben bei der Beschreibung der Kompensationsbewegungen dargelegt, wie leicht man sich hier sowohl bei subjektiver Beobachtung als bei graphischen Registrierungen täuschen kann. In meinen Versuchen konnte ich keinen Unterschied feststellen zwischen den normalen, durch die Randorgane und künstlich durch Einzelinduktionsschläge ausgelösten Contractionen. Auch bei ganz randorganlosen Medusen habe ich durch Einzelinduktionsschläge völlig synchron erscheinende Contractionen erhalten, ein notwendiger Versuch, über den BETHE nicht berichtet. Schließlich spricht gegen ihn, daß ganz deutliche Contractionswellen entstehen, wenn man die Meduse zu einem Bande auseinanderschneidet, an dessen einem Ende ein Randorgan sitzt. So scheinen mir die Versuche BETHES nicht beweiskräftig zu sein. Das Problem der Ursachen der Rhythmik war also immer noch offen; zu dessen Beantwortung mußten neue Wege gesucht werden.

Einer Anregung von Herrn Prof. P. HOFFMANN verdanke ich das entscheidende Experiment zur Lösung der Frage. Es besteht in der Übertragung einer Methode, die zu demselben Zwecke schon vor längerer Zeit von GASKELL am Wirbeltierherzen verwendet worden war, bei dem damals dieselbe Frage aufgetaucht war, auf die Meduse, und beruht auf folgender Überlegung. Das Refractärstadium wird durch Erhöhung der Temperatur verkürzt, durch Erniedrigung beträchtlich verlängert. Halten wir daher die beiden Hälften einer Meduse, von denen nur die eine noch Randorgane besitzt, in verschiedenen Temperaturen, so können

---

[1] Das Wort Reiz ist hier im Sinne von Erregung gebraucht.

bei der Annahme, daß die durch die Randorgane erzeugte Erregung des Nervennetzes eine konstante ist, beide Hälften nicht mehr koordiniert schlagen, trotzdem sie gleich erregt werden; denn in der wärmeren Hälfte ist das Refractärstadium kürzer, die Contraction muß früher einsetzen, als dies in der kalten Hälfte wegen des langen Refractärstadiums möglich ist. Zeigt sich umgekehrt, daß trotz verschiedener Temperatur beide Hälften koordiniert schlagen, so ist bewiesen, daß das Refractärstadium für den Rhythmus keine Bedeutung besitzt.

Der Versuch wurde folgendermaßen angestellt. Einer Meduse trägt man die vier Randorgane einer Körperhälfte ab. Sie wird dann auf den Rand zweier nebeneinandergestellter, vollgefüllter Becken gelegt, von denen das eine warmes, das andere kaltes Wasser enthält, und zwar derart, daß in das eine Becken die randorganlose, in das andere die normale Hälfte eintaucht.

Trotz der verschiedenen Temperatur bleibt die Koordination völlig erhalten. Die beiden Hälften kontrahieren sich stets annähernd gleichzeitig. Es kommt vor, daß die randorganlose Hälfte, gleichgültig, ob sie im warmen oder kalten Wasser ist, der anderen etwas nachhinkt. Das rührt daher, daß die Erregungsleitung durch den Druck auf den Rand der beiden Becken etwas gestört ist. Nach einigen Minuten wird aber der Schlag meist ganz synchron. Die Schlagzahl hängt nur von der Temperatur der randorgantragenden Hälfte ab. Es sei hier ein Beispiel genauer behandelt. Die Meduse wurde dabei mehrmals gedreht, so daß die beiden Hälften abwechselnd in warmes oder kaltes Wasser eintauchten.

Wassertemperatur für		Schlagzahl
randorgantragende Hälfte	randorganlose Hälfte	pro Minute
22°	15,5°	30
15,5°	22°	18
21,6°	16°	28
16,2°	21,6°	20

Das Versuchsergebnis ist ganz eindeutig und vollkommen analog dem, was man beim Herzen gefunden hat. Eine Abkühlung der Herzkammer allein hat keinen Einfluß auf den Rhythmus, dagegen wird er verlangsamt bei lokaler Abkühlung des Venensinus beim Froschherzen, des Sinusknotens beim Warmblüterherzen.

Den Schluß, den wir daraus ziehen, daß die Erregung keine kontinuierliche sein kann, können wir dadurch noch bestätigen, daß wir einen kontinuierlichen Reiz setzen und nun den Einfluß von Temperaturunterschieden untersuchen. Ich reizte zu diesem Zwecke die bei dem eben beschriebenen Versuche benutzte Meduse, die zur Hälfte in Wasser von 16,5°, zur Hälfte in solchem von 21,5° war, faradisch. Die beiden Teile schlugen dann vollkommen unabhängig voneinander und in ganz verschiedenem Rhythmus. Auf einen Schlag der kalten Hälfte kamen zwei bis drei Schläge der warmen.

Es seien hier auch meine übrigen Erfahrungen über die Einwirkung des faradischen Reizes auf randorganlose Medusen erwähnt. Aus den Arbeiten von ROMANES, BETHE u. a. muß man den Eindruck gewinnen, als ob es diesen Autoren gelungen sei, durch faradische Reizung normale rhythmische Contractionen zu erhalten. Die Abbildungen BETHES (sein Buch S. 414) für *Cotylorhiza* scheinen mir allerdings nicht dafür zu sprechen, daß die dadurch hervorgerufenen Bewegungen ganz normal waren; seine Kurven sind sehr unregelmäßig und weichen von solchen normaler Schläge, die er mitteilt, stark ab. *Mir ist er nicht gelungen, durch faradische Reizung mehr als fünf aufeinanderfolgende ganz normal erscheinende Contractionen zu erhalten.* Um dies zu erreichen, ist es schon notwendig, den Reiz sehr fein abzustufen; nur ganz in der Nähe der Reizschwelle treten überhaupt normale Schläge auf. Aber stets geht die Koordination sehr bald verloren, verschiedene Stellen kontrahieren sich zu verschiedenen Zeiten, und es entsteht dann ein unregelmäßiges Wogen, das um so ungeregelter wird, je größer die Reizstärke. Bei An-

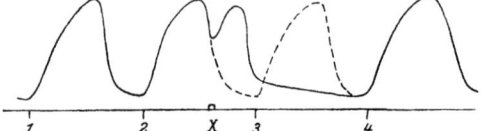

Abb. 7. Extrasystole und kompensatorische Pause.

wendung starker Ströme steigert sich dies so sehr, daß ganz dicht nebeneinanderliegende Muskelzüge sich ungleichzeitig kontrahieren. Da dabei auf der ganzen Fläche der Subumbrella stets eine Anzahl von Muskeln sich gerade in Contraction befinden, so wird die Gallerte konstant in gleichmäßiger Spannung gehalten. Das ruft dann den Eindruck eines Tetanus hervor, der schon gelegentlich für die Medusen beschrieben worden ist. Nur wenn man die Muskeln selbst beobachtet, kann man sich davon überzeugen, daß diese sich stets rhythmisch kontrahieren. Einen Tetanus der einzelnen Muskelfasern habe ich auch bei den stärksten Reizen nicht beobachtet.

Es ließe sich noch eine Reihe von weiteren Tatsachen anführen, die im gleichen Sinne sprechen. Ich erwähne hier nur noch die *kompensatorische Pause*, die BETHE bei der Meduse entdeckte. Wird bei einer normalen Meduse durch einen Momentanreiz, etwa einen Induktionsschlag, eine Extrasystole hervorgerufen (Abb. 7 *x*), so ist die darauf folgende Pause länger als gewöhnlich. Diejenige spontane Contraction (3), die auf die Extrasystole hätte folgen sollen, fällt aus. An ihre Stelle tritt eine Pause. Die nächste spontane Contraction (4) erfolgt genau in dem Moment, wo sie auch eingetreten wäre, wenn an Stelle der verfrühten Extrasystole (x) in normalem Zeitabstand von der vorhergehenden eine normale Contraction (3 gestrichelt) stattgefunden hätte. Würde die Pause zwischen zwei Contractionen nur durch das Refractärstadium bedingt sein und konstante Erregung herrschen, so wäre die Verlängerung der Pause nicht verständlich. Sehr einfach erklärt sie sich dagegen, wenn man annimmt, daß jede Contraction durch einen Erregungsimpuls hervorgerufen wird. Nach der Extrasystole (x) fällt der nächste Impuls (3) in die refractäre Periode, ist daher unwirksam. Eine neue Contraction erfolgt daher erst beim übernächsten Erregungsstoß (4). Dieselbe Erklärung wurde für die kompensatorische Pause des Herzventrikels schon vor langer Zeit gegeben (ENGELMANN) und ist heute wohl unbestritten.

Ich glaube, daß das angeführte Beweismaterial genügt, um die Ansicht, daß die Rhythmik der Medusen peripheren Ursprungs ist, zu widerlegen. *Sie muß central, im Randorgan, bedingt sein und auf rhythmischen Erregungsimpulsen, die von diesem ausgehen, beruhen.*

Es ist überhaupt sehr zu verwundern, daß die so schwach gestützten Annahmen von ROMANES und BETHE bis in neueste Zeit hinein nie angefochten wurden. Das Refractärstadium schien zur Zeit jener Autoren eine Eigenschaft, die nur der Meduse und dem Herzmuskel zukomme. Man glaubte daher, ihm auch eine große Bedeutung für die rhythmischen Bewegungen zuschreiben zu müssen. Heute haben wir Gründe, anzunehmen, daß alle Muskeln und Nerven sich ebenso verhalten. Das Refractärstadium ist nur bei der Meduse und beim Wirbeltierherzen besonders ausgedehnt und deshalb schon früh entdeckt worden. Ferner hat sich in allen genau untersuchten Fällen gezeigt, daß der Vorgang der Erregung ein rhythmischer ist. Man kann sich danach kaum noch vorstellen, daß ein Organ, so wie es BETHE aufgefaßt hat, konstant Erregungen aussendet und damit das leitende Gewebe gleichmäßig „füllt", bis eine Entladung erfolgt.

Wenn uns damit auch gelungen ist, den Ursprung der Rhythmik zu lokalisieren, so haben wir doch keinen Aufschluß über deren eigentliche Ursachen bekommen. Da wir es hier wie bei den Bewegungen des Wirbeltierherzens mit einem automatischen Vorgang zu tun haben, so können wir uns als letzte Ursachen für die Entstehung der Erregungsimpulse nur kontinuierliche Stoffwechselvorgänge vorstellen. Auf Grund der Tatsache, daß im Sinus des Froschherzens die kompensatorische Pause fehlt, nehmen die meisten Autoren tatsächlich für das Wirbeltierherz an, daß die Ursprungsreize im automatischen Centrum dauernd erzeugt werden, daß aber das Refractärstadium im Sinusgebiet die Ursache davon ist, daß dem Vorhof und Ventrikel die Erregungen nur rhythmisch zugeleitet werden. Es wäre leicht denkbar, daß in den Randorganen ein ähnlicher Mechanismus die Umformung der kontinuierlichen inneren Reize in eine rhythmische Erregung besorgt. Vielleicht entstehen solche Reize dauernd in gewissen Teilen der Randorgane; infolge der Refractärperiode anderer Teile können aber die Erregungen dem peripheren Nervensystem und damit auch der Muskulatur nur in gewissen Zeitabständen zugeleitet werden. Die Zerlegung des kontinuierlichen in einen rhythmischen Prozeß geschieht aber bei der Meduse nicht, wie man dies bisher annahm, in der Peripherie, sondern, wie die Versuche bewiesen haben, in den automatischen Centren, den Randorganen, selbst.

6. Über die Koordination der Muskelbewegungen.
a. Die Synchronität des Medusenschlages.

Da die Meduse eine ganze Anzahl von Centren hat, von denen die Impulse für die Contractionen ausgehen, muß es als eine besondere Frage gelten, warum letztere trotzdem stets auf der ganzen Peripherie fast gleichzeitig erfolgen, warum nicht jedes Randorgan seinen Sektor unabhängig vom anderen zum Schlagen bringt.

Der erste, der diese Frage eingehend diskutiert hat, war ROMANES. Er sieht die wichtigste Ursache der Synchronität darin, daß alle Randorgane denselben Stoffwechsel haben, infolgedessen auch gleich starke Reize aussenden. Besteht daher einmal ein synchroner Schlag, so müssen fortgesetzt stets zu gleicher Zeit von jedem Randorgan die Contractionen ausgehen. ROMANES sah aber ein, daß es unwahrscheinlich ist, daß das absolut genau zutreffe. Er hielt daher noch eine gewisse gegenseitige Regulation für notwendig. Von der Beobachtung ausgehend, daß sehr häufig die Contractionen an einem Randorgan beginnen und sich von dort aus über die Muskulatur ausbreiten, nahm er an, daß eine Contractionswelle, die ein Randorgan trifft, dessen Erregungen verstärkt und es dadurch in denselben Zustand versetzt wie dasjenige, von dem die Contraction ausging.

ROMANES stützte sich dabei auf einen sehr bekannten Versuch, den ich hier schildern will, weil er für uns auch nachher noch von Bedeutung sein wird. Er schnitt aus einer Meduse ein langes Zickzackband, an dessen einem Ende ein Randorgan saß. Reizte er nun das andere Ende ganz schwach, so ging von dort eine Erregungswelle aus, die aber die Glockenmuskulatur nicht zur Contraction veranlaßte, sondern nur an einer wellenförmigen Bewegung der Randtentakel äußerlich zu erkennen war. Nachdem sie am Randorgan angekommen war, ging aber von dort aus sofort eine in umgekehrter Richtung verlaufende Contraction aus. Das Randorgan wurde durch die schwache Erregungswelle — wie wir jetzt sagen können — zur Entladung gebracht.

Es kommt nach ROMANES auch vor, daß die Schläge lange Zeit nicht von diesem oder jenem Randorgan ausgehen, sondern genau synchron erfolgen. Eine befriedigende Erklärung dafür hat ROMANES nicht finden können. Die Annahme, daß das auf der gleichmäßigen Ernährung der Randorgane beruhe, scheint ihn selbst nicht befriedigt zu haben.

Während nach den Ansichten dieses Forschers die Synchronität auf der Erregungsleitung durch das Nervensystem beruht, mißt UEXKÜLL der mechanischen Wirkung der Gallerte die entscheidende Rolle zu. Er schreibt 1919 von *Rhizostoma* (S. 63): ,,Wir haben schon von dem allgemeinen Erregungsgesetz gesprochen, demzufolge die Erregung immer den gedehnten Muskeln zufließt. Werden nun alle Muskeln von einer gemeinsamen Feder gleichzeitig gedehnt, so wird die Erregung auch allen Muskeln zu gleicher Zeit zufließen. Dadurch erhält der Rhythmus überall die gleiche Phase." Er stützt seine Ansicht durch einen scheinbar entscheidenden Versuch. Trennte er die ganze Muskelschicht einer Meduse in zwei Teile, ohne die Gallerte zu verletzen, so blieb die Koordination zwischen beiden trotzdem erhalten.

Ich habe diesen Versuch zunächst mit demselben Erfolg wiederholt, wurde aber durch andere Erfahrungen an dessen Beweiskraft irre. Ich versuchte durch einen kreisförmigen Schnitt auf der Subumbrella den inneren Teil einer Meduse von den Randorganen zu isolieren, ohne den mechanischen Zusammenhang zu zerstören. Trotzdem ich ringsherum bis in die Gallerte hineingeschnitten hatte, griffen die Contractionen auch auf das centrale Stück über; dies hörte erst auf, nachdem ich allseits bis tief in die Gallerte hineingeschnitten hatte. Genau dieselbe Erfahrung berichtet auch EIMER. Es ist naheliegend, mit diesem Autor daraus zu schließen, daß auch durch die Gallerte Nervenfasern ziehen. Wenn mir dies auch recht wahrscheinlich vorkommt, möchte ich die Frage doch noch offen lassen, da immer noch mit der Möglichkeit zu rechnen ist, daß irgendein Nervenstrang des Epithels nur gezerrt, aber nicht zerschnitten war. Durch eigens darauf gerichtete Versuche ließe sich das wohl leicht entscheiden.

Für uns ergibt sich daraus, daß der Versuch UEXKÜLLS nicht beweisend ist. Ich schnitt, nachdem ich den Versuchsfehler erkannt hatte, tiefer in die Gallerte ein. Die beiden so getrennten Hälften ließen, obwohl der mechanische Zusammenhang durch die Gallerte nicht sichtbar gelitten hatte, jede Koordination vermissen.

BUDDENBROCK (1924) gibt an, nach Abtragung des größten Teiles der Gallerte eine starke Störung der Synchronität erhalten zu haben. Nach meiner Ansicht lassen sich auch daraus keine sicheren Schlüsse ziehen. Entfernen wir bei einer Meduse die Gallerte, so nimmt der übrigbleibende Teil eine ganz unregelmäßige Gestalt an. Ob und wo dabei sichtbare Bewegungen auftreten, hängt nicht nur davon ab, ob die Muskeln sich kontrahieren, sondern auch davon, in welchem Dehnungszustand sie sich bei der Contraction befinden. Ich habe an Medusen, die des größten

Teiles der Gallerte beraubt waren, die Bewegungen der Muskeln selbst beobachtet, was bei *Cotylorhiza* im Unterschied zu anderen Medusen leicht möglich ist, und gefunden, daß sie, soweit das feststellbar ist, genau synchron sind. Da bei einem solchen Versuche Druck und andere Störungen, die die Erregungsleitung beeinträchtigen, nicht auszuschließen sind, so wäre auch eine tatsächliche Störung der Synchronität nicht beweisend.

Ich habe auch direkt untersucht, ob verschieden starke Dehnung der Muskeln auf den Zeitpunkt des Contractionsbeginnes einen Einfluß hat, wie Uexküll annahm, und dabei ein negatives Resultat erhalten. Das ist auch selbstverständlich, nachdem wir wissen, daß jede Contraction durch einen einzigen Erregungsimpuls, nicht wie früher angenommen wurde, durch eine kontinuierliche Erregung verursacht wird.

Durch diese Erkenntnis ist ein großer Teil der Schwierigkeiten, die das Problem der Synchronität des Medusenschlages zu haben schien, beseitigt worden. *Cotylorhiza* schlägt, wie schon Bethe angibt, noch durchaus synchron, wenn sie nur noch *ein* Randorgan besitzt. Auch durch Induktionsschläge erhält man nur synchrone Contractionen. Es ist kein Zweifel, daß sie sich stets in Wirklichkeit von dem Reizort bzw. von dem Randorgan ausbreiten. Die Erregungsleitung ist aber offenbar so rasch, daß die dabei auftretenden zeitlichen Unterschiede im Contractionsverlaufe subjektiv nicht mehr festzustellen sind.

Auf Grund dieser Befunde scheint es mir sehr einfach zu sein, die Synchronität des Medusenschlages zu verstehen. Daß alle Randorgane ihre Erregungsimpulse zu gleicher Zeit aussenden, ist kaum denkbar, wenn man nicht ein allen übergeordnetes Centrum annimmt. Dazu besteht aber gar keine Veranlassung. Der *erste, von irgendeinem Randorgan ausgehende Impuls allein* ist schon imstande, eine *synchron* erscheinende *Contraction* hervorzurufen. Man braucht nun nur noch anzunehmen, daß dieser erste Impuls, ebenso wie in dem erwähnten Romanesschen Versuche, die anderen Randorgane veranlaßt, sich auch zu entladen, d. h. einen Erregungsstoß abzugeben. Dadurch zwingt das Randorgan mit der raschesten Schlagfolge seinen Rhythmus den übrigen auf. Würde das nicht geschehen, so würden die von verschiedenen Randorganen ausgehenden Impulse zu ganz verschiedenen Zeiten einsetzen, und es wäre ein regelmäßiger Rhythmus nicht möglich. Die Refraktärperiode könnte zwar manche Impulse unwirksam machen; dies genügt aber nicht, da eine neue Erregungsquelle schon nach kürzerer Zeit wieder wirksam ist, als der Zeitraum zwischen zwei Contractionen währt[1].

---

[1] Das läßt sich am einfachsten aus den Versuchen mit den im Kreise laufenden Kontraktionen ersehen. Diese sind meist viel rascher als die normalen Schläge; nach Harvey erfolgen bei engen Ringen in derselben Zeit etwa doppelt soviel Umläufe als Schläge bei einer normalen Meduse (s. S. 70ff.).

Es wird von anderen Medusen im Gegensatz zu *Cotylorhiza* meist berichtet, daß die Contractionen, die durch einen *einzelnen* Randkörper hervorgerufen werden, *sichtbar asynchron* sind. Wenn ich auch die Möglichkeit einer Täuschung in vielen Fällen annehme, so halte ich diese Erscheinung trotzdem für durchaus möglich; es braucht nur die Erregungsleitung (z. B. infolge niederer Temperatur) langsamer sein. Bei unserer Annahme, daß die Erregung für jeden Schlag auch bei normalen Tieren von *einem* Randorgan ausgeht, wäre in diesem Falle eine synchrone Contraction nicht zu erklären. Da aber auch bei den normalen Medusen kleine Unterschiede im Contractionsbeginn beschrieben werden, so besteht unsere Auffassung auch hier zu Recht.

b. Die Koordination zwischen Radiär- und Ringmuskulatur.

Die Synchronität des Medusenschlages, deren Ursachen eben erörtert wurden, betrifft lediglich gleichartige Muskeln beim normalen Schlag. Daß die Bewegungen jedoch nicht immer so einfach verlaufen, daß die ganze Muskulatur sich gleichzeitig und überall gleichartig kontrahiert, geht schon aus der Beschreibung hervor, die für sie oben (S. 40f.) gegeben wurde. Ich habe versucht, sie einer nervenphysiologischen Untersuchung zu unterziehen, um die Ursachen der Abweichungen von der einfachen synchronen Bewegung zu finden. Da es mir aber infolge der Kürze der zur Verfügung stehenden Zeit nicht mehr möglich war, meine Beobachtungen durch Messungen zu ergänzen, so ist das im folgenden erörterte noch nicht als abgeschlossen aufzufassen.

Ein Verständnis der hier zu untersuchenden Erscheinungen ist nur so möglich, daß erstens die Eigenschaften der einzelnen dabei mitwirkenden Elemente möglichst genau festgestellt werden und daß dann zweitens versucht wird, auf Grund dieser Tatsachen das Zusammenwirken der einzelnen Elemente bei den verschiedenen Reaktionen zu erklären.

Die Muskulatur von *Cotylorhiza*, auf die allein sich die nachfolgenden Ausführungen beziehen, besteht, wie bereits erwähnt (S. 40, Abb. 2), aus den Radiär- und den Ringmuskeln. Beide sind nicht nur anatomisch scharf getrennt, sondern unterscheiden sich auch in ihren physiologischen Eigenschaften ganz wesentlich, und zwar in dreifacher Hinsicht.

1. *Die Ringmuskulatur besitzt eine niedrigere Reizschwelle als die Radiärmuskulatur.* Reizt man eine randorganlose Meduse — am einfachsten und sichersten verwendet man Induktionsströme, Einzelschläge oder faradischen Strom — mit einer Reizstärke, die gerade über der Reizschwelle liegt, so kontrahiert sich nur die Ringmuskulatur. Dabei spielt es keine Rolle, ob die Reizelektroden auf der Radiär- oder der Ringmuskulatur aufgelegt werden. In letzterem Falle ist sogar die Reizschwelle höher als in ersterem. Eine besondere Bedeutung

braucht dem aber nicht zuzukommen, da dafür untergeordnete Momente, Dicke des über der Nervenschicht liegenden Epithels u. a., maßgebend sein können.

2. Wie schon BETHE gefunden hat, *besitzt die Ringmuskulatur eine viel längere Latenzzeit als die Radiärmuskulatur*. Es ist schon bei subjektiver Beobachtung äußerst auffällig, wieviel Zeit zwischen einem momentanen Reiz, etwa einem Induktionsschlag, und der Contraction bei der Ringmuskulatur vergeht, während beides bei der Radiärmuskulatur gleichzeitig zu erfolgen scheint.

3. *Die Contractionsdauer ist bei der Ringmuskulatur viel länger als bei der Radiärmuskulatur*. Diese führt auf jede Art von Reizen, bei jeder wirksamen Reizstärke nur kurze, einen Bruchteil einer Sekunde dauernde Zuckungen aus. Bei jener dauern sie um ein Vielfaches länger. Setzt man bei einer randorganlosen Meduse über der Radiärmuskulatur einen Induktionsschlag, der für diese gerade noch unter der Reizschwelle liegt, so zieht sich nach einer deutlichen Pause, der Latenzzeit, der die Ringmuskulatur tragende Rand zusammen und schiebt sich irisartig weit über die ruhig bleibende Radiärmuskulatur weg. Die Dauer solcher Contractionen ist sehr verschieden, auch bei kurz aufeinanderfolgenden Reizungen derselben Meduse, bei frischen Tieren, denen kurz vorher erst die Randorgane abgetragen wurden, mindestens 2, meist aber 4—5 Sekunden. Die Contractionen dauern um so länger, je mehr Zeit seit der Abtragung der Randorgane verstrichen ist, je mehr die Entartung fortgeschritten ist. Sie können nach einem Induktionsschlag $1/2$ Minute und länger anhalten, in selteneren Fällen mehrere Minuten. Am längsten dauern diese eigentümlich aussehenden Contractionen bei faradischer Reizung. Es treten hierbei nur in ganz unregelmäßigen Intervallen, von 5—30 Sekunden, Erschlaffungen auf, die um so länger dauern und um so vollständiger sind, je geringer die Reizstärke. Bei den höheren Reizintensitäten, die hier noch verwendet werden können, treten überhaupt nur noch ganz unvollständige Erschlaffungen auf; besonders bei stärker degenerierten Präparaten sind sie minutenlang kaum angedeutet.

Es mag zunächst schwer verständlich erscheinen, wie zwei sich so verschieden verhaltende Arten von Muskeln in der Weise zusammenarbeiten können, wie wir es beim normalen Schlage gesehen haben. Es scheint ein Widerspruch zu sein, daß die den Randorganen zunächstliegenden, empfindlicheren Ringmuskeln sich stets *nach* den Radiärmuskeln kontrahieren. Schon BETHE hat angenommen, daß das sehr wahrscheinlich durch die verschieden lange Latenzzeit zu erklären ist. Nachdem wir jetzt wissen, daß jede Contraction durch eine einzige Erregungswelle ausgelöst wird, ergibt sich aus der längeren Latenzzeit der Ringmuskeln mit Notwendigkeit, daß sie bei den normalen

Bewegungen stets später in Aktion treten als die Radiärmuskeln. Bei der Annahme BETHES einer kontinuierlichen Erregung müßten sich andere Erscheinungen ergeben, denn in diesem Falle hätten die Ringmuskeln infolge ihrer niedrigeren Reizschwelle einen Vorsprung vor den Radiärmuskeln, was sich besonders bei Tieren mit einem langsamen Rhythmus bemerkbar machen müßte. Es kommt aber nie vor, daß sich die ersteren allein oder früher als die Radiärmuskeln spontan kontrahieren.

Wir sahen ferner, daß die Ringmuskeln, wenn sie allein erregt wurden, sehr langdauernde Contractionen ausführen, während sie beim normalen Schlag im selben Rhythmus wie die Radiärmuskeln arbeiten und nach jedem Schlag sofort wieder erschlaffen. Um dies zu ermöglichen, muß ohne Zweifel eine Beziehung besonderer Art zwischen den beiden Sorten von Muskeln bestehen, so daß die Contraction der Radiärmuskeln die Ringmuskeln zu einer raschen Erschlaffung veranlaßt. Die Randorgane sind dafür nicht notwendig. Man kann sich davon vielmehr leicht auch an randorganlosen Medusen überzeugen durch einen Versuch, den ich in Neapel des öfteren demonstrierte. Eine der Randorgane beraubte, leicht degenerierte *Cotylorhiza* wird durch einzelne schwache Induktionsschläge gereizt, die nur für die Ringmuskulatur wirksam sind. Die auf jeden Schlag folgende Contraction dauert 20—30 Sekunden, manchmal noch länger. Einige Sekunden nach einem solchen Induktionsschlag wird nun ein zweiter stärkerer verabreicht. Jetzt kontrahieren sich auch die Radiärmuskeln, und gleich darauf erschlaffen beide etwa zu derselben Zeit. Vielfach, besonders bei stark degenerierten Tieren, kontrahiert sich die Ringmuskulatur nach völliger Erschlaffung ohne neue Reizung noch einmal allein einige Sekunden lang. Der Versuch gelingt häufig auch bei Anwendung faradischer Reize. Solange die Ringmuskeln allein erregt werden, tritt selten oder nie völlige Erschlaffung ein. Verstärkt man aber die Reizung durch Verminderung des Rollenabstandes, so daß sich auch die Radiärmuskeln kontrahieren, so erschlaffen nachher, nicht in allen Fällen, aber häufig, trotz der erhöhten Reizstärke, auch die Ringmuskeln vollkommen, bevor eine neue Contraction erfolgt.

Es ist somit für die Ringmuskeln nicht gleichgültig, ob sie sich allein, oder ob sich auch die Radiärmuskeln kontrahieren. Welcher Art aber diese gegenseitige Beeinflussung ist, dürfte schwer zu untersuchen sein. Es muß hierzu eine besondere nervöse Verbindung vorhanden sein, denn es scheint mir höchst unwahrscheinlich, daß dazu das Nervennetz, das der Ausbreitung der die gewöhnlichen Muskelcontractionen verursachenden Erregungen dient, fähig ist.

Wir haben damit, wie ich glaube, ein gewisses Verständnis des normalen Schlages von *Cotylorhiza* erlangt. Kurz zusammengefaßt, geht er so vor sich: *Die von den Randorganen ausgehenden, sich sehr rasch ausbreitenden Impulse bringen infolge der verschieden langen Latenzzeit zuerst die Radiär-, dann die Ringmuskeln zur Contraction. Durch die ersteren werden die letzteren zu einer raschen Erschlaffung veranlaßt.*

7. Dekrement und Alles- oder Nichtsgesetz.

Im Gegensatz zu den Nerven der höheren Tiere pflanzt sich die Erregung in Nervennetzen nicht weite Strecken innerhalb einer einzelnen Nervenfaser fort, sondern geht, ähnlich wie bei höheren Nervencentren, rasch nacheinander von einem Neuron zum anderen über. Aus diesem Grunde hat sich allmählich die weitverbreitete Überzeugung herausgebildet, daß jedes Nervennetz auch gewisse centrale Eigenschaften, vor allem ein Decrement besitzen muß. Dieser Auffassung begegnet man zuerst bei BETHE; in neuerer Zeit wurde sie ganz besonders scharf von BUDDENBROCK ausgesprochen. Da es sich hier um eine prinzipiell wichtige Frage handelt, muß ich auf sie genauer eingehen, obwohl ich dazu nur wenig neue experimentelle Tatsachen anführen kann.

Die Annahme, daß jedes Nervennetz ein Decrement besitzt, ist nur auf ganz wenige genauer untersuchte Fälle gegründet, so vor allem auf die Verhältnisse beim Seeigelstachel. Am Beispiel der Medusen glaube ich zeigen zu können, daß eine Verallgemeinerung dieser Befunde nicht berechtigt ist. Ich brauche zu diesem Zwecke nur die Versuche früherer Autoren auszuwerten.

A. G. MAYER hat gefunden, daß beliebige, randorganlose Ringe, die aus dem Schirm einer Meduse — er benutzte *Cassiopea* — geschnitten waren, durch Reizung wieder zu fortdauernden Contractionen veranlaßt werden können. Diese haben aber mit den normalen spontanen Bewegungen nichts zu tun. Sie laufen vielmehr stets im Kreise herum, unter Umständen tagelang bis zur Erschöpfung. FRÄNKEL hat denselben Vorgang, wie schon erwähnt, bei ganzen randorganlosen, degenerierenden Exemplaren von *Cotylorhiza* beobachtet.

MAYER hat auch eine Erklärung für diese merkwürdige Erscheinung gefunden. Reizt man eine Meduse lokal, so gehen von der gereizten Stelle nach beiden Seiten Erregungs- und Contractionswellen aus. Sie treffen sich an dem dem Reizort gegenüberliegenden Teil der Meduse und werden vernichtet, weil das Nervennetz sich dort in diesem Augenblick im Refractärstadium befindet, unerregbar ist. Ist aber einmal aus irgendeinem Grunde die Erregungswelle nur in einer Richtung geleitet worden, so wird sie nicht mehr nach einem halben Umlaufe vernichtet, da sie das Nervennetz auf ihrem Wege stets in erregbarem Zustande findet. Sie wandert daher ganz im Kreise herum. Die Gestalt des Ringes ist ganz belanglos; es kommt nur darauf an, daß er so weit ist, daß die Erregung eine gewisse Stelle des Ringes immer erst erreicht, wenn ihre Erregbarkeit wieder genügend groß geworden ist.

Es ist wichtig, daß die im Kreise laufende Contractionswelle keineswegs mit der Zeit an Stärke abnimmt. Sie kann stunden-, ja tagelang fortdauern. An Ringen von *Cotylorhiza* läßt sich die Erscheinung dadurch hervorrufen, daß man einige Zeit stark faradisch reizt. Nach Aufhören der Reizung setzen dann gewöhnlich die eigentümlichen Bewegungen ein. Bei frisch operierten Medusen erlöschen sie meist schon nach weniger als 1 Minute. Je mehr Zeit seit der Entfernung der Randorgane verstrichen ist, desto länger hält die Bewegung an und kann dann stundenlang mit maschinenmäßiger Gleichförmigkeit weitergehen. Das Aufhören der Bewegung geschieht ganz plötzlich und ist auf Erschöpfung zurückzuführen. Daß Degeneration den Vorgang fördert, ist wohl in Zusammenhang zu bringen mit der allgemeinen Steigerung der Erregbarkeit, die sie herbeiführt.

Die Erklärung der Erscheinung ist sehr einfach, wenn man annimmt, daß die Erregung sich im Nervennetz ohne Dekrement ausbreitet. Dann ist es sofort verständlich, daß sie, wenn sie einmal in kreisende Bewegung gekommen ist, kein Ende findet, da sie nirgends vernichtet werden kann, es sei denn, es trete Erschöpfung ein.

Will man mit FRÄNKEL die durch nichts gestützte Annahme eines Dekrementes bei den hier in Frage stehenden Erregungsvorgängen aufrechterhalten, so muß man zur Erklärung der Tatsachen eine Hilfshypothese einführen. Man muß, wie es dieser Autor tut, annehmen, daß die Contraction der Muskeln ein Reiz ist, der die Erregung verstärkt und sie dadurch trotz des Dekrementes immer gerade auf gleicher Höhe erhält.

Dieser Annahme begegnen aber ernste theoretische Schwierigkeiten. Erregung und Contraction erfolgen an einer bestimmten Stelle nicht gleichzeitig, sondern nacheinander. Ist die Erregung an einer bestimmten Stelle angelangt, so vergeht eine ganz bestimmte Zeit, die Latenzzeit, bis sich die dort befindlichen Muskelfasern zu kontrahieren beginnen. Die Erregung ist inzwischen schon weitergeeilt. Der durch die Contraction hervorgerufene Reiz kann also diese Erregungswelle nicht mehr betreffen, fällt vielmehr in die refractäre Periode, die ja gerade bei der Meduse relativ lang ist. Genauere Untersuchungen über deren Dauer sind leider bisher noch nicht ausgeführt worden. Ich will aber die folgende Beobachtung erwähnen. Ich gab einer randorganlosen Meduse einen Induktionsschlag, der gerade über der Reizschwelle für eine normale Contraction liegt. Der nächste gleich starke Schlag ist unwirksam oder bringt nur die Ringmuskeln zur Contraction, wenn er schon nach 3 Sekunden auf den ersten folgte. Erst nach etwa 10 Sekunden ist die ursprüngliche Erregbarkeit wieder hergestellt, so daß jeder

Schlag wieder eine Contraction hervorruft. Ähnliches habe ich in zahlreichen Fällen beobachtet, die Zeiten aber nicht gemessen. Das relative Refractärstadium dauert also ziemlich lange. Die genaue Bestimmung steht noch aus, ich hoffe aber später noch genaueres mitteilen zu können. Kommt also die Erregungswelle nach weniger als 1 Sekunde zum zweiten Male an dieselbe Stelle, so ist dort die ursprüngliche Erregbarkeit noch nicht wieder hergestellt, kann also durch die vorangegangene Contraction nicht wohl verstärkt werden.

Für die Ansicht, daß die Muskelcontractionen für das Kreisen der Erregung nicht notwendig sind, bietet ein anderer Versuch von A. G. Mayer eine weitere Stütze. Sein Versuchstier *Cassiopea* hat ein ausgezeichnetes Regenerationsvermögen. Kratzt man an einer Stelle Muskel- und Nervenschicht ab, so wird sie in kurzer Zeit wieder regeneriert. Dabei erscheint zuerst wieder das Nervennetz, erst später treten Muskelfasern auf. Mayer schnitt aus einer derart regenerierenden Meduse einen Ring heraus, der zur Hälfte normal war, zur Hälfte nur Nervennetz ohne Muskelfasern besaß. Die Erregung pflanzt sich auch in der muskelfreien Zone fort und kann wie in ganz normalen Ringen in kreisende Bewegung versetzt werden. Der Autor ging noch weiter. Bei dem in Abb. 8 dargestellten Ring seien die schraffierten Flächen normal, die punktierte Hälfte sei nur mit Nervennetz versehen. Er wird teilweise in eine Lösung von Magnesiumsulfat gelegt, wie es die Abbildung zeigt. Diese Lösung lähmt die Muskulatur, ohne die Erregungsleitung zu stören. Auch jetzt noch ist das Kreisen der Erregung auslösbar, trotzdem sich nur die beiden Stücke $a\,b$ und s kontrahieren können. Wäre ein Dekrement vorhanden, so wäre zu erwarten, daß die Stärke der Erregung bei jedem Umlaufe schwächer wird und daß sie schon nach kurzer Zeit erlischt, denn der hypothetisch angenommene Reiz bei der Muskelcontraction fehlt hier auf dem größten Teil des von der Erregung zu durchlaufenden Weges.

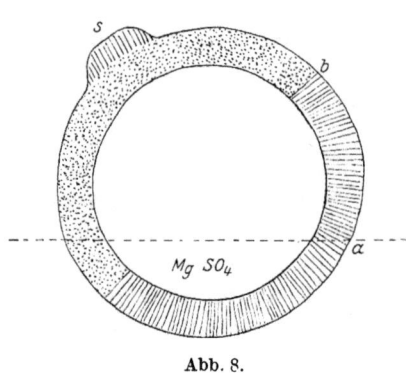

Abb. 8.

Es ist interessant genug, hier beiläufig erwähnen zu dürfen, daß die kreisenden Contractionen genau ebenso wie bei der Meduse auch beim Herzen vorkommen. A. G. Mayer hat sie beim Schildkrötenherzen erhalten, wenn er aus dem Ventrikel einen Ring herausschnitt. Der Vorgang hat sogar praktisches Interesse, da das sogenannte Herzflimmern und Vorhofflattern, eine sehr gefährliche, pathologische Art von Herzbewegungen, auf dieser Erscheinung beruht.

Auch eine Menge anderer Erfahrungen stimmen damit überein, daß kein Dekrement vorhanden ist. ROMANES hat sich bereits darüber gewundert, daß eine Contractionswelle sich von dem einen Ende eines 30—40 Zoll langen Streifens, der aus einer Meduse geschnitten wurde, bis zum anderen Ende mit unverminderter Stärke fortpflanzt. Zerschneidet man eine Meduse so in zwei Teile, daß sie nur noch durch eine äußerst schmale Brücke verbunden ist, so kontrahieren sich trotzdem beide Hälften maximal. Die Übertragung der Erregung hängt also nicht von der Breite der Brücke ab. Sie kann vom kleinsten Nervenelement auf alle anderen, die damit in Verbindung stehen, übergehen. Dem widerspricht nicht, daß gelegentlich die Leitung über eine sehr enge Brücke deutlich langsamer erfolgt als normal und bisweilen ganz versagt. Dieser Block verschwindet aber meist nach kurzer Zeit wieder, wie auch schon EIMER und ROMANES berichtet haben. Er hat seine Ursache offenbar in einer Schädigung der Brücke durch Zug oder Druck, die während der Operation entstanden ist.

Genau dieselben Tatsachen hat man auch beim Wirbeltierherzen gefunden. SCHELLONG z. B. hat gezeigt, daß ein Bündel von 70 bis 100 Muskelfasern noch zu einer normalen Erregungsübertragung genügt. Sich einstellende Störungen gehen meist nach kurzer Zeit wieder zurück.

Ein System, bei dem sich die Erregung ohne Dekrement fortpflanzt, bei dem also die Erregung vom kleinsten Element auf unbegrenzt viele übergeht, ohne an Stärke abzunehmen, ist nur denkbar, wenn es dem *Alles-oder-Nichtsgesetz* gehorcht. Beide Eigenschaften sind untrennbar verbunden. Auch diese Eigenschaft müssen wir daher dem Nervennetz der Meduse zuschreiben.

ROMANES und BETHE haben nachgewiesen, daß tatsächlich der Reizerfolg unabhängig von der Reizstärke ist. Es ließ sich aber daraus nicht entnehmen, ob nur die Muskulatur oder das Nervennetz oder beide dem Alles-oder-Nichtsgesetz folgen. BETHE nahm es nur für die Muskeln an.

Wenn wir das von BETHE beschriebene Nervennetz als den Träger der Erregungsvorgänge für die hier behandelten Bewegungen betrachten, so ist das erhaltene Resultat schon aus allgemeineren Gründen zu erwarten. Man ist heute geneigt, für alle Nervenelemente die Gültigkeit des Alles-oder-Nichtsgesetzes anzunehmen. Abweichungen davon sind wohl in erster Linie in der besonderen Art ihrer Verbindung untereinander begründet. Da nun bei dem Nervennetz, das wir von der Meduse her kennen, die Nervenfasern kontinuierlich ineinander übergehen, so wäre eine Blockierung der Neuronen gegeneinander nicht gut verständlich.

Wir haben oben eine Reihe von Tatsachen kennen gelernt, die mit dem Alles-oder-Nichtsgesetz in scharfem Widerspruch zu stehen scheinen und deshalb hier nochmals eine besondere Besprechung erfordern. Man könnte aus diesem Gesetz den Schluß ziehen, daß die Meduse nur maximale Contractionen der gesamten Muskulatur ausführen dürfte. Wir haben aber gesehen, daß es bei *Cotylorhiza* Erregungsvorgänge gibt, bei denen nur ein Teil der Muskulatur in Tätigkeit versetzt wird. Bei guter Abstufung der Reizstärke kann man es erreichen, daß sich von einer beliebigen Stelle der Radiärmuskulatur eine Erregung ausbreitet, die nur die Ringmuskulatur beeinflußt, während die Radiärmuskeln, über die sie wegzieht, ruhig bleiben. Je nach der Reizstärke können wir demnach eine ,,schwache" oder ,,starke" Erregung erzeugen, von denen die erste nur die Ringmuskeln, die letztere Ring- *und* Radiärmuskeln zur Contraction veranlaßt.

Zur Behebung dieses Widerspruches scheint mir kein anderer Weg offenzustehen als der, die *Hypothese* einzuführen, *daß die Meduse zwei Nervennetze mit verschiedener Reizschwelle besitzt*, die voneinander ganz oder durch einen starken Block getrennt sind. Das empfindlichere dieser Netze bringt nur die Ringmuskeln zur Contraction, das weniger empfindliche die ganze Muskulatur der Glocke. Bei den kreisenden Contractionen ist die Radiärmuskulatur beteiligt. Der hier geführte Beweis für die Gültigkeit des Alles-oder-Nichtsgesetzes gilt daher nur für das letztere dieser beiden Nervennetze. Das erstere, empfindlichere, tritt nur dann in sichtbare Wirksamkeit, wenn es allein erregt wird. Für die Annahme eines doppelten Nervennetzes spricht, daß der *Reizerfolg bis zu einer gewissen oberen Grenze*, soweit das subjektiv feststellbar ist, *unabhängig ist von der Intensität des Reizes*. In der Nähe dieser Grenze genügt aber *eine ganz minimale Erhöhung der Reizstärke*, um plötzlich eine *maximale Contraction der ganzen Muskulatur* hervorzurufen. Schwache Contractionen der Ringmuskeln oder stärkere derselben Muskeln verbunden mit schwachen Bewegungen der Radiärmuskeln kommen nicht vor. Der Übergang von der einen Reaktion zu der anderen ist ein ganz unvermittelter. Ich wüßte für diese Tatsache keine andere Erklärung als die, daß in beiden Fällen das Substrat für die Erregungsvorgänge ein verschiedenes ist. Über die Bedeutung des nur die Ringmuskeln affizierenden Nervennetzes für die normalen Bewegungen läßt sich vorläufig gar nichts aussagen.

Die Bedeutung dieser Erscheinungen wird vielleicht noch klarer, wenn ich an einen damit gut vergleichbaren Fall erinnere, der schon seit längerer Zeit bekannt ist. Beim Wirbeltiernerven ist der Reizerfolg von der Reizstärke abhängig. Trotzdem gilt für ihn das Alles-oder-Nichtsgesetz. Der scheinbare Widerspruch läßt sich nur erklären, wenn man annimmt, daß die einzelnen Fasern eines Nerven verschieden hohe Reizschwellen besitzen. Bei schwachen Reizen werden dann nur wenige

Fasern ansprechen, je höher die Reizstärke, um so mehr. In einem Falle konnte diese Auffassung auch experimentell wahrscheinlich gemacht werden. Beim Musculus cutaneus dorsi des Frosches, dessen motorischer Nerv nur etwa 10 Fasern enthält, wies KEITH LUCAS nach, daß die Muskelcontraction bei allmählicher, kontinuierlicher Verstärkung des Reizes sprungweise zunimmt und in etwa 10 Schritten ihr Maximum erreicht. Das ist wohl nicht anders zu erklären als durch die Annahme, daß bei jedem Sprung die Reizschwelle einer der verschieden empfindlichen Fasern erreicht wurde.

Die hier erwähnten Tatsachen scheinen mir einer weiteren Untersuchung noch ganz besonders wert zu sein. Das Vorhandensein zweier getrennter Nervennetze läßt sich vielleicht durch weitere Tatsachen noch besser stützen. Es scheint mir wahrscheinlich, daß die Erregung, die nur die Ringmuskeln zur Contraction bringt, eine geringere Fortpflanzungsgeschwindigkeit besitzt als diejenige, die die ganze Muskulatur in Bewegung versetzt. Ich schließe dies aus der Beobachtung, daß nach einer schwachen Reizung der Peripherie der Meduse, durch die nur die Ringmuskeln erregt werden, die dem Reizort nächstgelegenen Teile des Randes sich früher kontrahieren als die entfernteren, während bei den normalen Bewegungen derartige zeitliche Unterschiede sich nie feststellen ließen. Ich gebe diese Beobachtung vorerst nur mit Vorbehalt wieder, da ich sie nur beiläufig, ohne daß mir damals ihre Bedeutung bewußt war, gemacht habe.

Als wesentliche Stütze meiner Auffassung kann ich den oben (S. 64) beschriebenen Versuch von ROMANES heranziehen. Bei ihm trat die wichtige Erscheinung auf, daß schwache Reize eine Erregung erzeugen, die durch das Nervensystem geleitet wird, ohne die Glockenmuskulatur zu beeinflussen. Auch hier sind wir zur Annahme zweier Nervennetze mit verschiedenen Schwellenwerten gezwungen. ROMANES hat nun ferner festgestellt, daß die schwache Erregungswelle, wie ich sie kurz nennen will, nur die halbe Geschwindigkeit besitzt wie die starke, die die Contraction der Muskeln auslöst. Er erklärt diesen Unterschied einfach durch die verschieden starke Reizung. Da wir aber bisher, abgesehen vom Centralnervensystem der Wirbeltiere, meines Wissens keinen Fall kennen, wo die Geschwindigkeit der Erregungsleitung direkt von der Reizstärke abhängt, so muß diese Erklärung als sehr unwahrscheinlich gelten. Bei einer Erregungsleitung, die ohne Dekrement erfolgt, wie wir hier annehmen müssen, kann eine solche Abhängigkeit als ausgeschlossen erachtet werden. Wenn es uns gelingen würde, bei *Cotylorhiza* nachzuweisen, daß sich bei einer gewissen Reizstärke gleichzeitig sowohl die Art der Muskelcontraction als auch die Fortpflanzungsgeschwindigkeit der Erregung sprungweise ändert, so schiene mir damit das stärkste, einem Beweise nahekommende Argument erbracht zu sein, das für das Vorhandensein zweier getrennter Nervennetze bei niederen Tieren bisher angeführt worden ist. Derartige Annahmen haben UEXKÜLL und PARKER auf Grund ihrer Versuche für die Aktinien gemacht. Es handelt sich um eine Frage von besonderem allgemeinphysiologischem Interesse, weil die Sonderung in zwei oder mehrere, mit verschiedenen Eigenschaften ausgestattete Nervennetze wohl die erste und ursprünglichste Art der Differenzierung eines einfachen Nervensystems darstellt.

Noch eine weitere Erscheinung steht in einem gewissen Widerspruch mit dem Alles-oder-Nichtsgesetz, es sind die Kompensationsbewegungen. Wir haben gesehen, daß sie dann auftreten, wenn von einem Randkörper infolge seiner Lage Erregungen ausgehen. Diese Art der Schwimmbewegungen unterscheidet sich von den normalen dadurch, daß die Ringmuskeln auf der Seite des gereizten Randkörpers zwischen zwei aufeinanderfolgenden Contractionen nicht vollständig erschlaffen. Wir haben dies oben damit erklärt, daß wir annahmen, daß die Contraction dort langsamer abläuft als auf der entgegengesetzten Seite. Die nächstfolgende Contraction setzt immer schon ein, wenn die Erschlaffung der Ringmuskeln auf der Seite des gereizten Randkörpers noch unvollständig ist, der Rand bleibt daher hier dauernd etwas nach innen eingeschlagen (Abb. 4)[1]). Wir fragen uns nun: Warum rufen die von den Randkörpern gelieferten Erregungen Contractionen hervor, die sich so auffallend von den gewöhnlichen unterscheiden?

FRÄNKEL hat diese Frage in folgender Weise beantwortet: ,,Dem oberen Schirmsektor fließt ein Plus von Erregungen zu, er kontrahiert sich stärker als die übrigen, indem das Erregungsplus im diffusen Nervennetz allseitig sich ausbreitend abfließt, wobei seine Größe sich verringert (Dekrement).''

Die Annahme eines Dekrementes in dieser Form erscheint mir nicht genügend zur Erklärung aller Tatsachen. Wenn ich ganz absehe von dem Nachweise des Fehlens eines Dekrementes für die die normalen Bewegungen der Glockenmuskulatur veranlassenden Erregungen, den ich hier zu geben versucht habe, so läßt sich eine solche Annahme auch nicht mit den bereits erwähnten Versuchen von ROMANES und BETHE vereinbaren, die beweisen, daß die Contractionsstärke unabhängig ist von der Reizstärke. Ferner leistet die Annahme FRÄNKELs gar nicht das, was sie soll. Sie könnte erklären, daß die Contraction in der Nähe des gereizten Randkörpers stärker ist als an entfernteren Stellen, aber darin besteht das Wesen der Kompensationsbewegungen nicht. Sie beruhen nicht, oder zum mindesten nicht in erster Linie, auf Unterschieden in

---

[1]) Wenn FRÄNKEL davon spricht, daß auf der gereizten Seite der ,,Tonus'' erhöht ist, so ist damit nichts über das Wesen des Vorgangs ausgesagt.

der *Stärke* der Contractionen, sondern wahrscheinlich auf Unterschieden in deren *zeitlichem Verlaufe*.

Eine Erklärung dieser Tatsachen konnte ich nur in der Annahme finden, daß zum mindesten zwei Faktoren die Contractionen der Ringmuskeln beherrschen. Ich nehme einmal an, daß eine ohne Dekrement in einem Nervennetz geleitete Erregung die Contraction der gesamten Glockenmuskeln veranlaßt. Sie würde, wenn sie allein maßgebend wäre, nur auf der ganzen Peripherie gleichförmige Bewegungen auslösen. Weiterhin scheint mir daher notwendig zu sein, einen zweiten Faktor anzunehmen, durch den die Contraction der Ringmuskeln modifiziert wird, wahrscheinlich so, daß sie in der Nähe eines gereizten Randkörpers zeitlich gedehnt wird. Zu einer solchen Annahme sind wir sogar gezwungen, wenn wir die Gültigkeit des Alles-oder-Nichtsgesetzes für einen Teil des peripheren Nervensystems annehmen, wozu wir, wie ich glaube, auf Grund der mitgeteilten Tatsachen volle Berechtigung haben.

Die Frage, worin der zweite die Contraction modifizierende Faktor bestehen könnte, schien mir anfangs große Schwierigkeiten zu bieten, so daß ich zu erwägen begann, ob dabei das Randorgan noch eine besondere Funktion als Nervencentrum besitze, etwa in der Art, daß von ihm aus besondere Nervenbahnen zu bestimmten Muskeln, vor allem den Ringmuskeln führen, die bei Erregung durch den Randkörper die Kompensationsbewegungen hervorrufen, ähnlich den Reflexen bei höheren Tieren. Unter diesem Gesichtspunkt ausgeführte Versuche haben mich aber dazu geführt, daß eine solche Annahme nicht notwendig ist und den Tatsachen nicht gerecht wird.

Erstens läßt sich durch Zerschneidungsversuche zeigen, daß bei den Kompensationsbewegungen keine direkten Verbindungen zwischen Randorgan und Ringmuskeln eine Rolle spielen, sondern daß sich die gesamte Erregung diffus ausbreitet. Einschnitte in den Rand bis zur Radiärmuskulatur ändern an den Bewegungen, auch an den Kompensationsbewegungen nichts. Schneidet man bei einer Meduse mit einem Randorgan dieses letztere von einer Seite beginnend durch einen kreisförmigen Schnitt heraus, so beobachtet man auch dann nicht die geringste Störung, wenn das Organ nur noch durch eine schmale Brücke auf einer Seite mit der Glocke zusammenhängt.

Zweitens lassen sich den Kompensationsbewegungen ganz ähnliche Contractionen an Medusen *ohne Randorgane* durch künstliche Reizung erzeugen. Reizt man eine randorganlose Meduse durch einen kräftigen Induktionsschlag, so erfolgt eine völlig synchron erscheinende Contraction, die sich in nichts von der eines normalen Tieres unterscheiden läßt. Bei Wiederholung in Intervallen von etwa 3 Sekunden erhält man fortgesetzt derartige Schläge. Reizt man dagegen jede Sekunde einmal, so bleibt der Rand an der gereizten Seite ständig mehr eingebogen als an dem entgegengesetzten Sektor; die Ringmuskulatur erschlafft hier in den Pausen zwischen zwei Schlägen nicht mehr ganz, also genau derselbe Vorgang wie bei den Kompensationsbewegungen. Ob die Erscheinung eintritt, hängt nur von der Schnelligkeit des Rhythmus ab; je schneller, desto deutlicher ist sie zu beobachten. Man wird sich dies wohl so erklären dürfen, wie wir es für die Kompensationsbewegungen taten, nämlich daß an der gereizten Seite die Contractionen der Ringmuskeln langsamer verlaufen. An einem einzelnen Schlag ist dies subjektiv nicht wahrzunehmen. Folgen aber die Schläge rasch nacheinander, so hat die Ringmuskulatur in der Nähe der gereizten Stelle zwischen zwei Contractionen nicht mehr Zeit, vollständig zu erschlaffen, was darin sichtbar wird, daß der Rand dort immer etwas nach innen eingeschlagen bleibt.

Die Möglichkeit, Kompensationsbewegungen auszuführen, liegt also schon in dem peripheren Nervensystem begründet. In ihm müssen wir daher den zweiten Faktor suchen, der, wie wir oben schlossen, die Contractionen der Ringmuskeln mitbeeinflußt. Von dem nervösen Apparat, der dies besorgt, müssen wir zwei Eigenschaften fordern. Die Erregungen müssen sich in ihm, wie aus den Zerschneidungsversuchen hervorgeht, allseits diffus ausbreiten. Da die Abänderung des Contractionsmodus mit der Entfernung vom Reizort abnimmt, so müssen wir ihm ferner ein starkes Dekrement zuschreiben. Die einfachste Vorstellung, die man sich davon bilden kann, scheint mir die zu sein, daß neben den zwei schon oben geforderten Nervennetzen ein drittes vorhanden ist, das die Eigenschaft hat, den Contractionsverlauf bei den Ringmuskeln zu verlangsamen und außerdem ein Dekrement besitzt. Ich kann hier zum Vergleich wiederum das Wirbeltierherz erwähnen. Dessen Contractionen werden durch einen Mechanismus ausgelöst, der dem Alles-oder-Nichtsgesetz gehorcht, können aber durch den Vagus und Accelerans weitgehend modifiziert werden.

Zusammenfassung.

1. Die von FRÄNKEL entdeckten Kompensationsbewegungen von *Cotylorhiza* bestehen in synchronen Schlägen, bei denen die ringförmig angeordnete Muskulatur des Randes an dem oben gelegenen Teil der Meduse zwischen zwei Contractionen nicht in vollkommene Erschlaffung übergeht. Ähnlich verhält sich *Pelagia*. *Rhizostoma* bewegt sich nach Reizung negativ geotaktisch nach oben (FRÄNKEL), im Sonnenlicht positiv geotaktisch nach unten.

2. Der normale Schlag wird durch Außerfunktionsetzung der Randkörper nicht gestört; es wird daher wahrscheinlich, daß die Erregungen,

die ihn auslösen, automatisch entstehen, d. h. ohne direkte Mitwirkung von Sinnesreizen, und zwar wahrscheinlich in den an der Basis des Randkörpers liegenden Ganglienzellen.

3. Die Kompensationsbewegungen werden durch den Druck eines Randkörpers nach abwärts hervorgerufen.

4. Der Rhythmus wird nicht durch das Refractärstadium der Muskeln oder Nerven verursacht, sondern durch rhythmische, von den Randorganen ausgehende Erregungsimpulse.

5. Die Synchronität des Schlages ist rein nervös bedingt, durch die relativ große Fortpflanzungsgeschwindigkeit der Erregung und die gegenseitige regulierende Beeinflussung der Randorgane.

6. Die Ringmuskeln unterscheiden sich von den Radiärmuskeln in physiologischer Hinsicht darin, daß sie erstens eine geringere Reizschwelle besitzen, zweitens ihre Latenzzeit viel größer ist (BETHE), drittens die Contractionsdauer länger ist.

7. Das spätere Einsetzen der Contraction der Ringmuskulatur beruht auf ihrer großen Latenzzeit.

8. Die Contraction der Radiärmuskeln veranlaßt die Ringmuskeln zu einer raschen Erschlaffung.

9. Für die Fortpflanzung der die normalen Contractionen veranlassenden Erregungen gilt das Alles-oder-Nichtsgesetz.

10. Die Tatsache, daß die Ringmuskeln durch schwache Reize allein zur Contraction gebracht werden können, erfordert die Annahme zweier getrennter Nervennetze.

11. Die Kompensationsbewegungen lassen sich durch Annahme eines weiteren, mit Dekrement leitenden Nervennetzes erklären.

Literatur.

Bethe, A.: Allgemeine Anatomie und Physiologie des Nervensystems. Leipzig 1903. — Ders.: Notizen über die Erhaltung des Körpergleichgewichts schwimmender Tiere. Festschr. R. Hertwig Bd. 3, 1910. — **v. Buddenbrock, W.:** Die vermutliche Lösung der Halterenfrage. Pflügers Arch. f. d. ges. Physiol. 175. — Ders.: Grundriß der vergl. Physiologie. Teil I. Berlin 1924. — **Eimer, Th.:** Die Medusen. Tübingen 1878. — **Fränkel, G.:** Der statische Sinn der Medusen. Zeitschr. f. wiss. Biol., Abt. C: Zeitschr. f. vergl. Physiol. 2. 1925. — **v. Frisch, K.:** Sinnesphysiologie der Wassertiere. Verh. d. deutsch. zool. Gesellschaft. Bd. 28, 1924. — **Harvey, E. N.:** Effect of different temperatures on the Medusa *Cassipea*. Papers from the Tortugas laborat. of the Carnegie Inst. of Washington 3. — **Hesse, R.:** Das Nervensystem und die Sinnesorgane von *Rhizostoma Cuvieri*. Zeitschr. f. wiss. Zool. 60. — **Lucas, Keith:** The Conduction of Nervous Impulse. Longmans 1917. — **Lehmann, C.:** Die Sinnesorgane der

Medusen. Zool. Jahrb., Abt. f. allg. Zool. 39. 1923. — **Magnus, R.**: Körperstellung. Berlin 1924. — **Mayer, A. G.**: Rhythmical Pulsation in Scyphomedusae. Papers from the Tortugas laborat. of the Carnegie inst. of Washington 1. — Ders.: Medusae of the World. 3. Washington 1910. — **Parker, G. H.**: Nervous transmission in the Actinians. Journ. of exp. zool. 22. — **Romanes, G. H.**: Jellyfish, starfish and sea-urchins. London 1885. — **v. Uexküll, J.**: Die Schwimmbewegungen von *Rhizostoma pulmo*. Mitt. d. zool. Stat. zu Neapel 14. 1901. — Ders.: Innenwelt u. Umwelt der Tiere. Berlin 1921. — **Verworn, M.**: Gleichgewicht und Otholithenorgan. Pflügers Arch. f. d. ges. Physiol. 50. 1891. — Bezüglich der Physiologie des Herzens verweise ich auf: **Tigerstedt, R.**: Die Physiologie des Kreislaufes. 4 Bde. Berlin u. Leipzig 1922.

VERLAG VON JULIUS SPRINGER IN BERLIN W9

ERGEBNISSE DER BIOLOGIE

Herausgegeben von

**K. von FRISCH, R. GOLDSCHMIDT
W. RUHLAND, H. WINTERSTEIN**

BAND I

678 Seiten mit 130 zum Teil farbigen Abbildungen. 1926
RM 36.—, in Leinen geb. RM 38.40

Inhaltsübersicht:

W. Biedermann-Jena, Vergleichende Physiologie des Integuments der Wirbeltiere. — F. Bachmann-Leipzig, Das Saftsteigen der Pflanzen. — H. Kaho-Dorpat, Das Verhalten der Pflanzenzellen gegen Salze. — D. N. Prianischnikow-Moskau, Ammoniak, Nitrate und Nitrite als Stickstoffquellen für höhere Pflanzen. — D. Katz-Rostock, Sozialpsychologie der Vögel. — H. Wachs-Rostock, Die Wanderungen der Vögel.

BIOLOGISCHE STUDIENBÜCHER

Herausgegeben von
Prof. Dr. WALTHER SCHOENICHEN, Berlin

*

Soeben erschien:

4. Band:

Kleines Praktikum der Vegetationskunde. Von Dr. Friedrich Markgraf. 69 Seiten mit 31 Textabbildungen.
RM 4.20; gebunden RM 5.40

1. Band:

Praktische Übungen zur Vererbungslehre für Studierende, Ärzte und Lehrer. In Anlehnung an den Lehrplan des erbkundlichen Seminars von Professor Dr. Heinrich Poll. Von Dr. **Günther Just,** Kaiser-Wilhelm-Institut für Biologie in Berlin-Dahlem. 88 Seiten mit 37 Abbildungen im Text. 1923. RM 3.50; gebunden RM 5.—

2. Band:

Biologie der Blütenpflanzen. Eine Einführung an der Hand mikroskopischer Übungen. Von Professor Dr. **Walther Schoenichen.** 216 Seiten mit 306 Original-Abbildungen. 1924. RM 6.60; gebunden RM 8.—

3. Band:

Biologie der Schmetterlinge. Von Dr. **Martin Hering,** Vorsteher der Lepidopteren-Abteilung am Zoologischen Museum der Universität Berlin 486 Seiten mit 82 Textabbildungen und 13 Tafeln. 1926.
RM 18.—; gebunden RM 19.50

VERLAG VON JULIUS SPRINGER IN BERLIN W 9

Handbuch der normalen und pathologischen Physiologie

mit Berücksichtigung der experimentellen Pharmakologie

Bearbeitet von etwa 315 Fachgelehrten

Herausgegeben von

Geh. Med.-Rat Professor Dr. A. Bethe
Direktor des Instituts für animal. Physiol.,
Frankfurt a. M.

Professor Dr. G. v. Bergmann
Direktor der Med. Univ.-Klinik
Frankfurt a. M.

Professor Dr. G. Embden
Direktor des Instituts für vegetat. Physiol.,
Frankfurt a. M.

Geh.-Rat Professor Dr. A. Ellinger †
ehemal. Direktor des Pharmakol. Instituts
Frankfurt a. M.

In siebzehn Bänden und einem Registerband

Soeben erschien: Elfter Band

Receptionsorgane I

Tangoreceptoren — Thermoreceptoren — Chemoreceptoren
Phonoreceptoren — Statoreceptoren

1078 Seiten mit 236 Abbildungen. RM 81.—; in Halbleder gebunden RM. 88.50

Inhaltsübersicht:

Einleitung zur Physiologie der Sinne. Von Prof. Dr. V. Frhr. v. Weizsaecker-Heidelberg — **Tangoreceptoren.** Von Dr. K. Herter-Berlin, Prof. Dr. P. Stark-Freiburg i. B., Prof. Dr. M. v. Frey-Würzburg — **Thermoreceptoren.** Von Geh. Rat Prof. Dr. A. Goldscheider-Berlin, Prof. Dr. H. Sierp-München, Dr. K. Herter-Berlin — **Schmerz.** Von Geh. Rat Prof. Dr. A. Goldscheider — **Chemoreceptoren.** Von Geh. Rat Prof. Dr. K. v. Frisch-München, Dr. A. Seybold-München, Geh. Rat Prof. Dr. F. B. Hofmann-Berlin, Prof. Dr. Carl Zarniko-Hamburg, Prof. Dr. E. v. Skramlik-Freiburg i. Br., Prof. Dr. H. Henning-Danzig — **Phonoreceptoren.** Von Prof. Dr. E. Mangold-Berlin, Prof. Dr. H. G. Runge-Jena, Prof. Dr. Hans Held-Leipzig, Prof. Dr. M. Gildemeister-Leipzig, Dr. J. Teufer-Leipzig, Prof. Dr. E. Waetzmann-Breslau, Prof. Dr. E. M. v. Hornbostel-Berlin, Prof. Dr. H. Rhese-Königsberg, Geh. Rat Prof. Dr. W. Kümmel-Heidelberg, Prof. Dr. A. Kreidl-Wien — **Statoreceptoren.** Von Prof. Dr. W. Kolmer-Wien, Prof. Dr. W. v. Buddenbrock-Kiel, Prof. Dr. M. H. Fischer-Prag, Prof. Dr. R. Magnus, Priv.-Doz. Dr. A. de Kleyn-Utrecht, Priv.-Doz. Dr. K. Grahe-Frankfurt a. M., Priv.-Doz. Dr. F. Rohrer-Zürich, Dr. T. Masuda-Tokyo — Anhang. Von Prof. Dr. L. Jost-Heidelberg, Prof. Dr. W. v. Buddenbrock-Kiel, Prof. Dr. O. Koehler-Königsberg i. Pr.

Früher sind erschienen:

Zweiter Band: Atmung. Aufnahme und Abgabe gasförmiger Stoffe. Bearbeitet von K. Amersbach, G. Bayer, A. Bethe, A. Brunner, W. Felix, F. Flury, A. Geigel, W. Heubner, L. Hofbauer, G. Liljestrand, O. Renner, F. Rohrer, F. Sauerbruch, E. v. Skramlik, R. Staehelin. 561 Seiten mit 122 Abbildungen. 1925. RM 39.—; in Halbleder gebunden RM 44.40

Achter Band, 1. Hälfte: Energieumsatz. Erster Teil: Mechanische Energie, Protoplasmabewegung und Muskelphysiologie. Bearbeitet von F. Alverdes, H. J. Deuticke, G. Embden, W. O. Fenn, E. Fischer, H. Führer, E. Gellhorn, H. Hentschel, K. Hürthle, F. Jamin, H. Jost, F. Kramer, F. Külz, C. E. Lehnartz, O. Meyerhof, S. M. Neuschlosz, O. Rießer, H. Sierp, E. Simonson, J. Spek, W. Steinhausen, K. Stern, K. Wachholder. 664 Seiten mit 136 Abbildungen. 1925. RM 45.—; in Halbleder gebunden RM 49.50

(Die Abnahme eines Teiles eines Bandes verpflichtet zum Kauf des ganzen Bandes)

Siebzehnter Band: Correlationen III. Wärme- und Wasserhaushalt. Umweltfaktoren. Schlaf. Altern und Sterben. Konstitution und Vererbung. Bearbeitet von L. Adler †, J. Bauer, W. Caspari, U. Ebbecke, C. v. Economo, H. Freund, C. Herbst, S. Hirsch, A. Hoche, H. Hoffmann, R. W. Hoffmann, R. Isenschmid, A. Jodlbauer, O. Kestner, H. W. Knipping, E. Korschelt, F. Lenz, F. Linke, E. Meyer, H. H. Meyer, W. Nonnenbruch, J. K. Parnas, E. P. Pick, H. Schade, J. H. Schultz, R. Siebeck, R. Stoppel, J. Strasburger. 1215 Seiten mit 179 Abbildungen. 1926. RM 84.—; gebunden RM 90.60

Als nächste Bände erscheinen:

Band XIV: Fortpflanzung, Entwicklung und Wachstum. 1. Fortpflanzung. 2. Physiologie und Pathologie der Entwicklung, des Wachstums und der Regeneration. **Band VII: Blutzirkulation.**

MIX
Papier aus verantwortungsvollen Quellen
Paper from responsible sources
FSC® C105338

If you have any concerns about our products,
you can contact us on
ProductSafety@springernature.com

In case Publisher is established outside the EU,
the EU authorized representative is:
**Springer Nature Customer Service Center GmbH
Europaplatz 3, 69115 Heidelberg, Germany**

Printed by Libri Plureos GmbH
in Hamburg, Germany